接受现实，做自己的光

我更喜欢风雨中前行的自己

衷曲无闻 —— 著

四川文艺出版社

图书在版编目（CIP）数据

我更喜欢风雨中前行的自己 / 袁曲无闻著 . -- 成都：
四川文艺出版社，2020.5
ISBN 978-7-5411-5033-3

Ⅰ . ①我… Ⅱ . ①袁… Ⅲ . ①成功心理－通俗读物
Ⅳ . ① B848.4-49

中国版本图书馆 CIP 数据核字 (2020) 第 045474 号

WO GENG XIHUAN FENGYUZHONG QIANXING DE ZIJI

我更喜欢风雨中前行的自己

袁曲无闻　著

出 品 人	张庆宁
选题策划	北京斯坦威图书有限责任公司
编辑统筹	李佳铌　王 娇
责任编辑	谢雯婷　叶 驰
封面设计	WONDERLAND Book design　仙境 QQ:344581934
责任校对	汪 平

出版发行	四川文艺出版社（成都市槐树街 2 号）
网　　址	www.scwys.com
电　　话	028-86259287（发行部）028-86259303（编辑部）
传　　真	028-86259306

邮寄地址	成都市槐树街 2 号四川文艺出版社邮购部 610031		
印　　刷	河北鹏润印刷有限公司		
成品尺寸	147mm×210mm	开　本	32 开
印　　张	8	字　数	158 千字
版　　次	2020 年 5 月第一版	印　次	2020 年 5 月第一次印刷
书　　号	ISBN 978-7-5411-5033-3		
定　　价	46.80 元		

前言：别慌，月亮也正在大海深处迷茫

我第一次有轻生的念头，是在高考分数公布的时候。

离重点线差 10 分，理综不及格，当时读的是重点班，只有几个人没考上一本，我是其中一个。

一时之间，我的情绪低落到极点，觉得周围所有人都不理解自己，最好的几个朋友忙着庆祝，出于礼貌的安慰，却像是打在我脸上的一记记耳光。

我不敢待在家里，每天早上六点多就起床出门跑步，深夜才回到自己的房间。

我才 17 岁，仿佛一眼望穿了整个人生。我的未来，似乎已经注定平庸，工作、结婚、生子，走回父辈的轨迹。想到这一切，我就觉得人生没有意思，一点意思也没有。

我掩藏得很好，并没有表现出一点消极，所有难过痛苦一个人忍着，从未对谁诉说。其实，也是没有人可以说了。

我想过，从高空坠落是什么感觉，被河水吞没又是什么感觉。

我怕痛，承受不了死亡过程的苦。我才 17 岁，还想赌一把，想看看自己长大以后，会是什么样子。

我不断操控着自己，进行着一场人生游戏。没有盖世英雄来带我打完副本，也没有技能法术为我加持。

我只能一步一步，依靠物理格挡，努力把自己塑造成一个像样的角色。

我第二次有轻生的念头，是在我大二的时候。

那一年，我虽然拿到了国家励志奖学金，还是觉得我的大学生活很差劲。虎落平阳也就算了，还和周围人"同流合污"，逃课打游戏，将大好的时光肆意挥霍。

更糟糕的是，我长期无法睡眠，为了省钱不吃正餐，饿坏了胃。我觉得活着真的很没意思，断食过好几天，遗书都写好了。

后来，有个外校的女生从我上课的教室跳下去，那个窗口我考察过好几次，甚至爬到桌子上去试过，要怎样坠落才完美。我目睹了死亡现场，她脑浆迸裂，父母哭天抢地，我总觉得她是替我死的。

好不容易撑到放假，适逢家里修建新房，我没说自己怎么了，父母也没有觉得我有什么异样，尽管我每餐吃得都很少。

每天，我和家人一起干很重的活，挖基脚、搬砖，强撑着过了十多天，倒下了。

家人骂我娇气，读书忘本了，养了这么个没用的儿子，碍眼睛。

住院的半个月里，我的身边没有一个人陪护，每天看着点滴瓶里的盐水一滴一滴往下掉，真正体会到度日如年的感觉。

西医无效，改为中医，然后我又吃了半个多月的中药，一日三次，捏紧鼻子还是难以下咽。

中医也治不好，病急乱投医的情况下又进行针灸治疗。

针灸更折磨人，腹部扎满针眼，扎一次，肉皮要疼上一两天。皮不疼了，又得进行下一次扎针。

开学回到学校，因为没地方煎药，我把从家里带去的中药全扔了。

我依旧睡不着觉，便从图书馆里借了很多书，宿舍断电后就用台灯照着看，偶尔写点读书笔记。

大三那年继续获得国家励志奖学金，我买了一台笔记本电脑，开始在一家文字网站发文，并提出做网站的实习编辑。

我的实习期一直持续到参加工作，在那段处于绝望和无助的日子里，我通过校对别人的文章，获得了继续对抗生活中的无奈的勇气。

断断续续，我连载了两部追忆青春的半自传性小说，有那么一群还没有向生活缴械投降的人在等着我更文。

慢慢地，有一些充满了阳光的面孔零星地出现在我的文章里，我的文字于黑色里透出一些鲜亮，从绝望里生出了希望。

我一个字一个字地写，把自己救活了。

大概是人生，都会经历很多你当时觉得过不去的坎，过去了，你便能获得经验值，越来越强大。

高考失败不算什么，努力可能会算错题，随便选也有机会蒙对。高考的迷人之处不是如愿以偿，而是阴差阳错。

恋爱分手不算什么，第一次痛得撕心裂肺，尔后想体验那种心口被揪着抽搐的感觉，却怎么也办不到了。

职场竞争不算什么，同事之间也许永远不可能成为朋友，社会生存艰难，人心隔着肚皮。

后来，我成为一名高中数学老师。教书原本是我退而求其次的职业，却给我带来很多惊喜。

带两届学生到毕业，我也出了两本书。此刻在给第三本书写序言，心中感慨万千。

死亡就像一条锁链，总会在某一个时刻，把人往深渊里拽。

有很多个深夜睡不着，我都希望可以借助药物长眠；走在人群里莫名地感觉孤独，仿佛自己和这个世界格格不入；晒着太阳也感觉不到温暖，任凭自己冻着，全身冰冷，面色发白。

曾经我与自己订下"长大再死"的约定，只不过是害怕死亡一瞬间的疼痛，所做出的孩子气的举动。后来我给自己列了很多不能死的理由，或许是多了一些成熟与担当。

我在文章里安慰读者："你要去相信，你走的每一条路都铺着光。"

当然，生活的真相可能是，每一条路都铺满耳光。我们一路跌跌撞撞，摔折胳膊打断腿，脸都被扇肿了，才能平平稳稳地走下去。

可是，即使每天踩着没有街灯的水泥路，我始终坚持，每天躲在厚厚的城墙里折磨着毅力和脑力。这是我此刻追忆往事，内心依旧感觉温馨的原因所在。

最上等的钻石打磨过程耗时许久，但正是苦难与磨砺让它璀璨夺目。付出可能没有回报，但当收入与付出成正比且出奇地可观时，那种快乐无可比拟。

我仍然抱着一丝希望，期待着自己能在岁月的洗练里变得更加坚强，能坦然面对生命里那些差点熬不过去的坎。

周润发主演的电影《英雄本色》里有句台词："我要争一口气，不是想证明我有多么了不起，我是要告诉别人，我失去的东西我一定要拿回来。"

时隔多年，仍然觉得这句话很能打动人。

被命运彻底打趴下的人，最轻松的选择莫过于一蹶不振、坐以待毙，甚至自我了断。只有极少数人能衔着一口泥巴站起来，颤颤巍巍地走下去。

他们也许是在集中营度过惨无人道的岁月，熬到了黎明的到来；他们也许是在精神折磨和无尽屈辱中坚守初心，等到了拨乱反正；他们也许是在遭到侵害的多年以后不再做噩梦，重新接纳了自己。

我很喜欢一句话："别慌，月亮也正在大海深处迷茫。"迷茫或许是人生的常态，但请你别忘了多听听自己内心的声音。

上天不会轻易抛弃和放弃一切可救之人，你别急着跪地不起。身处黑暗，你买醉、自暴自弃，对着苍天大地吼叫，太阳也不会如你所愿升起来。

你唯一能做的，是接受现实，做自己的光，继续你的生活，然后在某个睡不着的夜晚突然发现，走着走着，好像也就走出来了。

人的脆弱和坚强都超乎自己的想象，有时可能一句话就泪流满面，有时也能咬着牙走很远的路。

记住自己脆弱的时刻，然后给需要安慰的人一个拥抱。没人替你坚强就亲自上，没困住别人的泥沼深渊同样也困不住你。

就像冬天的枯枝，只要还有最后一点水分和养料，挺过去，就能重新活过来。

衷曲无闻

2019 年 12 月 1 日

织金，3℃

目 录
CONTENTS

第三部分｜生活不易
我更喜欢风雨中前行的自己

第四部分｜爱情面前
不妥协不将就，再爱也不回头

第五部分 | 世界很美
别把它让给你鄙视的人

第一部分

成长路上
我有我的倔强和坚强

成长，就是将哭调成静音的过程

2012 年，我还在读大四，学的是数学与应用数学专业，师范方向。当时从未想过当一名老师，因为害怕那种一眼就看到头的生活。

等到快要毕业的时候，我有点慌了，心想要不将就考个公务员吧。我对自己很有信心，文能提笔写申论，理能徒手解方程。然而报考了几次，我连面试都没进。只有真的努力了，才知道自己有多没用。

后来，我一边复习教师招考的内容，一边在一家广告公司写几十块一篇的廉价稿维持生计，对家里始终报喜不报忧。

那段时间，面对生活的唯一的勇气来源是一个姑娘。她回省外的老家实习，和我保持着密切的联系。我会经常更新动态，只有我们两个人看得懂。关于她，我似乎每天都有说不完的情话。

有一天她喝醉了，打电话问我，会不会为了她背井离乡。

我说："把井背走了，乡亲们就没水喝了。"

她没心情听我讲段子，支支吾吾、绕来绕去将近一个小时，说："现在我很纠结，身边有个人对我很好，瘦瘦的，像你一样。要不我们算了吧。"

"那我算什么？"

没等我说完，她就挂断了电话，我才明白，她不是来和我商量的，就是把自己的选择告知我而已。

那天，我突然意识到，我的失败与一事无成，使我连最爱的人都把握不住了。

02

转眼之间，我已经入职一年多，和她彻底断绝了联系。

2013 年冬天，有一节校际交流课，我顶着必须拿第一的压力，迎接这个几乎不可能完成的挑战。从选题到准备课件再到参赛，只有五天的时间。

当时的我，还上着三个班的数学课，而且临近期末比较忙，有很多资料要交。对那一周最深的印象，就是冷和累。

寒风凛冽的大冬天，别人都下班了，我一个人待在办公室，到最后整栋楼都没有人了，就听着歌，反复修改课件，自己讲课给自己听。

屋漏偏逢连夜雨，我的喉咙还发炎了，上完晚自习一个人去打点滴，打完点滴只能喝点粥，又继续回到出租屋改课件。

也不知道自己是怎么想的，我在临睡前打开了她的微博，最新的一条是和一个男人的合影，配文为："这世上总有个让你又爱又痛的人。"

我再无睡意，瞬间清醒了。自此，这个人将会从我的生命中彻底消失。

比赛结束那天，我如愿以偿拿到第一名，从讲台上走下来的那一刻，大家都在鼓掌，我却很想哭。

我一直强忍着，散了场和同事们吃饭，喝了点酒。晚上晃悠着回家，发现钥匙落在学校了。我就蹲在小院的石榴树下面哭了好久，比失恋的时候掉的眼泪还多。

虽然那时候已经熬过去了，但我就是想哭。读书时一直不知道真正的生活是什么样子的，年少轻狂的心多少有些不可一世。

工作了才明白世道艰难，你我都熬得不容易，直面挑战，推杯换盏，没有人将就你，没有人同情你。

要努力，不要怂，熬过去随便哭，哭完了继续笑。

03

2014 年，学校给老师们发的福利是安排一次健康体检。

体检报告显示，我的甲状腺有一块阴影。急急忙忙去复查，医生说应该是个瘤，无法判断其性质，需要等进一步的分析结果。

那一周我过得很痛苦，每天都在网上查甲状腺肿瘤的治疗方法和注意事项，脑补如果瘤子是恶性的要怎么跟家里说，自己的未来要怎么走。想着想着，几近崩溃，彻夜失眠。

这期间我很想找她，至少要去她的城市，见她最后一面。

报告出来了，还好只是包块，医生的建议是注意多休息，留在体内不会有影响，如果想取出来，只需做个简单的小手术。

我大大松了一口气，给家里打了个电话，表现出前所未有的兴奋和热情，但是没有告诉他们这件事。

晚上，我特意去吃绝味鸭脖庆祝，还外带了毛豆和鸭肠，随便看了一部老电影《瘦身男女》。

电影的前半段比较平淡，东西很快就被我吃完了，一直看到男主肥佬为了女主 Mini Mo 在大街上打拳赚钱那一段，眼泪像弹幕一样往下掉。

之后是什么剧情已经完全不记得了，只知道自己一直哭，用手去擦眼泪，有点辣。

索性就放开了哭，失声痛哭，仿佛一旦停止哭泣，我就会窒息而亡。

04

再后来，断断续续从朋友那里听到她的消息，她已经结婚了。对于她，我应该是没有了爱意，但我依然是个爱哭鬼。

2015年6月，我带的第一届学生毕业了。发放高考准考证那天，被总务处催了无数次上交钥匙之后，教室的门终于被我锁上。

我和学生在教室门口的走廊上告别，最后一次点名，我三分之二的时间都在哭，学生一一和我拥抱，我都特别用力。

我是一个慢热的人，嘴硬心软，一旦有了牵绊，就特别害怕割舍。

临近分开的那段时间，我常常做噩梦，梦见自己和一行人在一片冰面上行走，其他的人有说有笑，不慌不忙，不像我，怕冰面破碎，怕猛然跌倒。其实，最怕孤单没有怀抱。

从抵触到接受，从敌对到朋友，我和学生之间的感情一点点积累，一次次牢固，我拥有了一切，转瞬之间又一无所有。

也许记忆并不可靠，就像实现不了的诺言，它们总是要离开一段时间，抖掉所有的杂念再回来。

05

托马斯·卡莱尔说："没有在深夜痛哭过的人，不足以谈人生。"

不可否认，痛苦永远比快乐能给人更大的经验教训，也由此区分出了人与人的不同。在我们眼中，伤痕累累比幸福满满更迷人。

我们都喜欢有故事的人，甚至以此为标准，寻找同类。我们愿意和一个人深交，都免不了走出这么一步：愿意分享彼此的痛苦，清楚知道对方的伤口，即使不会说出口，也能感同身受。

无论这份痛苦是父母感情不和，还是对高考失利感到耻辱，抑或爱情失败被人挖墙脚而自尊心受到伤害等等，这些都是人生的组成部分。

当你发现自己不足，会想要奋力改变；当你殊死搏斗却还在原地踏步，就会绝望痛哭。没有一个人能安慰你，只能自己默默地隐忍。

哭过几次以后，或许连你自己都觉得麻木了。没有对象也没有工作，没有人理解，没有人在乎。你多想回到过去，永远停在自己光芒万丈那天的最美的日出里。

终于，你还是挺过来了，拼着一口气，在喧嚣与孤独并存的城市里飘来飘去。

06

有一次刷朋友圈，无意看到一句话："成长，就是将哭调成静音的过程。"

深以为然。

每个人的人生，其实都有一个觉醒期，但觉醒的早晚会决定一个人的命运。成长是将哭调成了静音模式，你的内心会变得越来越坚定平静，波澜不惊。

年轻的时候，你会把每一点不如意渲染得惊天动地。长大后却学会了越痛越不动声色，越苦越保持沉默。

在那些失声痛哭的深夜里，有一颗种子被你的泪水浸湿，然后在你的心里发了芽，扎了根，慢慢长成了一棵大树。

　　把哭调成静音模式，任他山河破碎、风雨飘摇，一个人就是千军万马，不服来战。

人生的低潮期，也是最好的增值期

01

李安最初去好莱坞发展的时候，遭遇了很大的挫折，曾蛰伏六年做"家庭煮夫"，靠攻读博士的妻子的微薄薪水度日，在此期间，两个儿子相继出生。

为了缓解内心的愧疚，李安每天除了在家里看大量的电影和埋头写剧本以外，还包揽了所有家务，负责买菜、做饭、带孩子，把家里收拾得干干净净的。

面对现实的窘迫，李安一度想要放弃电影，委曲求全改学计算机。妻子察觉到他的消沉，一夜沉默之后，在上班前给他留下一句话："李安，不要忘记你的梦想。"

接受采访的时候回忆起这段难熬的生活，李安仍然十分痛苦："我如果有日本丈夫的气节的话，早该切腹自尽了。"

在第85届奥斯卡金像奖评选中，李安凭借《少年派的奇幻漂流》获得最佳导演奖。毫不夸张地说，他架起了东西方文化的沟通桥梁。

02

采访过李安的人，都被他的儒雅和谦卑深深折服，虽然他已经取得了很大的成功，却没有那种一夜成名之后不可一世的习气。

这六年里面，李安到底经历过怎样的煎熬，没有人知道，就算了解一二，也无法感同身受。

也许他学习了很多电影拍摄的技术，把自己的剧本分析能力储备得更好；也许他不免感到抑郁，觉得自己很失败，未来已经看不到希望了。

可也正是因为这些辛酸的经历，才让他更能深层地理解每一个小人物的内心，拍出让人"惊掉下巴"的作品。

很多成功的人，本就是努力、关系、出身等各种资源加成后的结果，寂寂无名的人和他们的差距，也许仅仅是缺乏机遇而已。

在李安的人生低潮期，他能够用更宽容的心审视这世间的每一个人。成功人士并没有什么了不起，暂时失败的同样有翻盘的机会。

所以，李安的电影更有人情味，他获奖、被赏识、得到盛名，也是当之无愧。

03

低潮期就像失眠，不分对象，不看时机，每个人都可能会经历。有人一蹶不振，有人则静静蛰伏。

在香港地区，繁重的体力活让空调安装员郭富城活得非常累；在陕西农村，陈忠实接到《白鹿原》可以出版的消息，笑着说终于可以不用养鸡了。

崔永元第一次主持节目，身后传来一片嘘声："这孙子是谁？"未成名前，郭德纲饿得实在没招了，用 BB 机换了两个馒头吃。

艾弗森踏入职业篮球场，身边的人告诉他："你可以把目标定为每场得 10 分和 5 次助攻，因为你太矮了。"

正如马丁所说，每一个强大的人，都曾咬着牙度过一段没人帮忙、没人支持、没人嘘寒问暖的日子。过去了，这就是你的成人礼；过不去，求饶了，这就是你的无底洞。

有时候，如果你愿意换一个看待问题的角度，低潮期反而会是自我增值的最好时候。

在人生路上，你需要警醒的不是失败，而是一帆风顺。一个人一旦志得意满，过早拥有金钱、声誉、名利，可能就不会再继续磨练技艺，提高能力，而是放任自己坐吃山空。或者为了守住拥有的一切，不堪重负。

受挫折，遇挑战，处于低潮期，你反而会更有动力和契机去学习提高，进行自我调整。当你的机会成本降低，反而可以做到心无挂碍。

因为你已经再也没有什么可以失去的了，擦擦汗、咬咬牙，奋力一搏之后，说不定就触底反弹了。

04

我的高中同学李凯，大学毕业于 C9 名校之一 *，却也同样经历过一段人生的低潮期。

顶着一身光环，拥有各种获奖证书的他，一毕业就拿到了一家 500 强企业的 offer。当他踌躇满志准备好好施展一番抱负的时候，却一直受到上司的打压和排挤。

他一度苦闷难当，想要辞职走人另谋高就，心里却一直有个声音追问自己：眼前的工作都干不好，重新找工作会有人要吗？

在被边缘化的那段时间，他先是保质保量把工作做好，然后重新定位自己，去发掘个人优势和专长，并利用工作以外的时间给自己充电。

总结得失以后，他发现自己很爱这份工作，尤其对产品研发抱有极大的热情，只是缺少工作经验和系统化的认知。

找准方向后，他开始大量阅读政经历史、行业报告和优秀论

---

* C9：九校联盟（C9 League），是中国首个顶尖大学间的高校联盟，成员都是国家首批 985 重点建设的一流大学，如清华、北大等。

文。一坚持就是半年，不但知识得到更新，看问题也越来越客观，还能顺带瞧瞧别人倒霉的时候是如何挺过去的。

在这个过程中，上司慢慢接纳他，他也真正理解了上司的用人标准——实力才能决定一切。

谁也无法预知人生的每个低潮期有多长，你唯一能做的是，不要得过且过，让自己陷入沮丧中不可自拔。学点有用的东西，尽力做好手边的事，等待着乌云散去。

人们钦佩和赞同那些自强不息的人，是因为他们不会随着地位的改变而自暴自弃，也不会由于财富的减少而意志消沉，更不会因为他人的诬蔑或误解而自我怀疑，他们能在逆境中保持乐观向上的心态，守住底线做事，等待下一次翻盘。

最穷不过讨饭，不死终会出头。

05

刘亮程在《一个人的村庄》里写道："落在一个人一生中的雪，我们不能全部看见。每个人都在自己的生命中，孤独地过冬。"

通俗点讲，就是每个人一生中会遇到很多挫折与磨难，他人无法完全知晓。每个人在这些艰难的时刻，都只能冷暖自度。

如果你正处于人生的低潮期，不要拼命挖掘情绪，不要过度沉迷过去。尽量让自己忙起来，看书学习、运动健身、外出旅行，试着把生活填满。

每天把自己打扮得精致一点，穿好看的衣服外出心情会好很多。如果实在很难熬，就找朋友谈谈心，可以的话，允许自己哭一场也无妨。

记得加倍爱自己，千万不要去做自我毁灭的事。你要像冬天里的种子，默默成长，积蓄力量，等待时间一到，便会春暖花开。

新生儿睡觉的时候，是握着拳头的，这是一种警觉、自卫的举动。

那是因为他们知道，若要长大成人，若要在这社会取得一定的声名和地位，就得历经万千的挣扎与打拼。

没有拼到无能为力，不配谈运气

01

有一天晚上我写不出东西，心中无比焦虑，为了转移注意力，重装了卸载半年多的游戏《和平精英》"杀"时间。

我选的是双排，最喜欢玩这种模式。四人组嫌人多，开局两分钟，观战一小时，有点无趣；单排太孤独，倒地也没人扶。

开始的几把胡乱匹配，频繁换队友，打的基本都是人机对战，轻松"吃鸡"（胜利）。后来匹配到一个小姐姐，她打得很好，每次都能把我带到决赛圈。不知不觉就玩到了凌晨三点多，眼睛干涩。她提出休息一下，加微信聊一聊。

聊开以后得知，她已经大四了，但是过得很"丧"。身边的人准备考研、考公务员，但是她什么都不想做，毕业论文的开题报告还没写，做什么都提不起兴趣。

她以前并不是这样的。在大一、大二还算努力，上课抢着坐第一排，像读高中一样做笔记，课余时间也会去图书馆温习，但还是没能拿到国家奖学金。

她觉得很没意思，便开始和室友们一起玩网游，大三一年都过得很颓废。如今室友们着手为毕业准备，她很迷茫但又没去改变现状，甚至实习都只是找关系盖个章。

她觉得自己运气很差，命运从来都没有眷顾过她，高中拼了三年，连一本都没有考上，现在就算努力，也只是重新上演昨天的悲剧。

02

我不知道该怎么劝她振作一点，"越努力，越幸运"这样的话讲太多，也只是不给勺子的鸡汤。于是，我决定讲一个朋友的故事。

我有一个朋友，从小家里就特别穷。

不是那种偶尔没有钱，过完"双十一"喊着要"剁手"的穷，是那种吃得很差、穿补丁衣服、没有任何背景的穷。

他因为小时候生过一场病，所以一直不长个，进入高中看起来都还像小学生。他很自卑，不健谈，也不圆滑，更没办法逗得女生哈哈笑。

按理说"浓缩的都是精华"，但他成绩也不好，稍微松懈一下考试就可能会不及格。他没有任何特长，不会画画、不会唱歌、不会打篮球，连转笔也只能转半圈。

他胆子很小，性格腼腆，网吧也不敢进，面对喜欢的姑娘只会悄悄躲开，在公众场合讲话会带着哭腔，是班上可有可无的那种角色。

文理分科时，他勉强考进理科实验班；高考失利，是班上为数不多的没有考上一本的学生之一。

他上了大学还在发育长个，但日子并没有好起来。长期失眠，得了厌食症，暴瘦，抑郁，萌生过自杀的念头，好在没有跨出最后一步。

考研失败，考公务员失败，考了教师编制七八回都在面试的时候被刷下来。

他也是那种一直都很努力的人，但是从来没有得到命运的眷顾。他一直把手举得高高的，已经举得很累了，上帝才给他一把糖果，让他出了几本书，拥有了20万读者。

我的那个朋友，叫衷曲无闻。

他一直很努力，想亲自去大海边看一看，去草原上走一走。他想知道极光有多美，想亲自开一辆跑车在高速路上感受风的速度。

虽然他一无所有，但他热切地期盼能够改变自己，也渴望拥有美好的生活。

03

太阳底下没有不委屈的人，不要觉得你的委屈特别大。做好最坏的打算去尽最大的努力，说不定人生翻转之后，会有惊喜。

我在大学参加文学社期间，认识一个叫肖佳的女孩。她每天早上6点起床，晚上11点睡觉，坚持跑步，占座学习，去图书馆看书。

她不是男生在"卧谈会"上会特意讨论的美女，但因为作息规律，有着二十来岁的少女最好的状态。偶尔出门化个淡妆，也能让人眼前一亮。

她喜欢独来独往，穿行于教室和图书馆之间，校报上偶尔有她的文章发表。她似乎也不向往爱情，总是乐于保持一个人最好的生活，轻松惬意得好像一阵春风。

大多数人都觉得大学就是该轻松一点，尽情享受刻骨铭心的爱情，两三人结伴来一次说走就走的旅行。

而她相信，只有自己足够优秀，才能保障未来无忧。

逝者如斯夫，不舍昼夜。从教室到图书馆，再回宿舍睡个懒觉，大学四年就过去了。

曾经高考英语成绩130+的学霸，考了几次都没过四级。而她报名参加英语演讲，撩一下齐腰长发，气质优雅，表现极佳，赢得台下掌声雷动。

那些每天纠结"他为什么没有主动找我""我和他毕业后会分手吗"的女孩，谈过几次失败的恋爱，流了一些泪。她却在图书馆的拐角处，又拒绝了一个男孩的追求。

大家疲于应对各种招聘会，饥不择食选择一个工作，打算走一步看一步。她打败名校硕士获得入职资格，让公司先等她考研结束，进可攻退可守。

不能说她做的一切就是最正确的选择，但因为她努力了，当机会到来时，不会因为不够优秀而让机会擦肩而过。

命运翻手为云覆手为雨，我们远不是它的对手，但这不是能不能打赢的问题，而是我们必须战斗到底。

努力，也许只是为了那一丝渺茫的希望。

04

杨澜说，女人如果依附了一个男人，她就没有自己的思想。

柳岩说，虽然爸爸走了，但我唯一感到庆幸和没有遗憾的就是——我有足够的经济能力，给他配备了最好的医疗条件。

张小娴说，当爱情缺席的时候，你要努力些，努力工作，努力让自己进步。即便没有爱情，至少还有钱。

没有出众的外貌，只能用更优秀的内在证明自己并不比那些"花瓶"差；没有一技之长，只能努力让自己什么都会一点，起码饿不死。

没有高智商，只能靠笨拙的努力让自己活得没那么费力；没有一张能言善辩的嘴，只能脚踏实地本本分分做人，夜里能睡好觉。

来路蹉跎，去日苦多。不用千帆过尽，午夜梦回你便会发觉，人这一生最大的敌人，真正的对手，是自己。

运是强者的谦词，命是弱者的借口。和命运交手多年，你在明它在暗，你能发出微弱的光，它便如夜幕般静默且弘大。

命运不是过去，不是未来，它一直都在你的手里，一手烂牌打好了，你有的是逆天改命的机会。努力的本质，是打破固有的格局，迈出此间的泥淖。

也许一时半会看不见希望，但起码自己清楚，我一直在努力，纵使人间不值得，我也从未辜负过人间。

立于尘世千般苦，为爱为梦为自由，没有拼到无能为力，不配谈运气。

机会不是等来的，路一直都在脚下

01

文牧野执导、徐峥主演的电影《我不是药神》，在多个电影节中包揽了各种奖项。

该片以草根群像式的现实刻画，将小人物卑微平凡、顽强坚韧的生命故事展现给观众，有笑有泪，还有思考。

在一个颁奖典礼上，文牧野说了一段很有温度的话，足以让那些尚在追梦的年轻人喜提斗志：

你拍不起长片，你拍不起短片吗？

我读本科时拍了5个短片，第一次花了200，第二次花了600，第三次花了1000，第四次花了2000，第五次花了1万。

一点都不影响我去学习电影，手机都能拍，找个同学过来就能演。怎么练不是练呢？你不能等到你有钱了再拍，时间和钱哪一个更重要？

大多说等不到机会的人，就是因为他总在那等，但是光等你能等来什么呢？

这一番获奖感言，让我想起和一个写作圈的朋友聊过的话题：要怎样才能成为一个好作家？

我们的观点惊人的一致。首先你得踏实写出一本书来，无关质量，要先有个成品。不管能不能成为一个全职作家，怎么写都是写。成名之后压力更大，倒不如当下认真写好每一篇文。

种一棵树最好的时间是十年前，其次是现在。

02

生而为人，我们总会为自己没有达成的心愿而后悔，遗憾曾犯下的错误，惋惜没有抓住的机会。

烈日炎炎，你晒得汗流浃背，心里想着要是有一片树荫就好了。但是很遗憾，十年之前你并没有种下那棵树。要是种了，此刻你就可以靠在大树下闲适地休息。

事已至此，抱怨也没有用。最好的办法就是现在种树，十年之后树荫就有了。

但是大多数人都是目光短浅的，哪里肯为十年之后的自己考虑，最多是在烈日下跳脚叹息，摇头说"太晚了"，然后离开此地。

按照经济学理论，这是一个纯利率投资回报的问题。种一棵树就是投资，投资时间拉长，树长得枝繁叶茂，人就可以开拓更大的疆土。

人的兴趣爱好，只有获得足够的回报，才能发展下去。但也最好是在十年前开始坚持，回报会因为本金投入得多，而变得更高，收益更大。

一开始纯利率就很高，不见得是件好事。方仲永从"指物作诗立就，其文理皆有可观者"到"泯然于众人"，成了"小时了了，大未必佳"的反面教材。

薛兆丰老师说得好："在纯利率高的地区，人们及时行乐，对未来不抱希望；他们宁愿马上就业，也不愿继续深造；他们把抽烟看得比矫正牙齿重要，大吃大喝比锻炼身体重要；他们没有陈酿美酒，不用石头砌房；他们把文物古董倒卖到利率低的地区，换来可以即时消费的金钱。"

如果你决定了要做一件事，并且很喜欢，就立即行动吧，十年后会有回报的。

前期利率低，你感觉不到快乐，但如果你热爱并坚持下去，回报就像滚雪球，你就能得到指数函数模型爆炸式增长的体验。

就像《海贼王》里的路飞，没有航海士、音乐家、厨师、船医也没关系，不是非要等到有艘能进入"新世界"的海盗船才能出海。

哪怕是旱鸭子，有只木桶就可以出发了，不出海，怎么找航海的伙伴呢？

我现在是一名高中数学老师，热爱写作，这种坚持早就超过了十年。

我读高中的时候，老师布置写作文，每次我都尽力写好。在写之前，我会去查阅大量的资料，为了一个"失了一颗铁钉，亡了一个帝国"的例子翻遍厚厚的素材书。

写到 90 分，语文老师会把我的作文念给他教的学生听。当时的目的很单纯，因为我喜欢的那个文科班的女生，和我是同一个语文老师。

文理科的教学楼隔着两栋，偷看她需要绕路，而我的作文能在她的课堂上被念出来，可以让我明目张胆刷存在感。

大学期间，能投稿的高级刊物是校报。我仔细研读每一个栏目版块，却没有看到"数学与应用数学"专业的学生发文。

当我得知诗歌投稿被录用的机会更大的时候，我没有和室友一样选修《西方电影鉴赏》课程，而是选修与中文相关的，其中包括《诗词创作与欣赏》《中国古代文学与传统文化》。

后来，我写的古诗词不但在校报上刊登，还获得大学生诗词创作大赛的奖项。要知道，当时能获奖的基本都是科班出身的中文系学生。而我日夜研读《白香词谱》《声律启蒙》，抄写唐诗宋词的日子，不为人道也。

参加工作后，文艺青年变成数学老师，曾经诗意栖居替我说尽衷肠在心底萦绕不散，后来作业教案让我头昏脑涨于深夜辗转难眠。诗意被扯淡成随笔，我把目标定在主流的杂志。

笔耕多年，我的文章登上《读者》《意林》《哲思》《格言》《青年文摘》，几度刊载在《疯狂作文》的卷首语。

如今我已经出了《这世间没有不可安放的梦想》《梦想不会辜负努力的你》两本书，这本《我更喜欢风雨中前行的自己》即将出版，新的作品也在筹备中。

努力的红利就是，有一天，我终于和中学时代喜欢的杂志的编辑成了微信好友，和我崇拜的作家待在了同一个群。

04

蔡康永说，如果现在才开始学某样东西，担心年纪已经太大的话，不妨这样想，就算因此放弃不学，年纪照样还是会变大的。

我很感激自己坚持了这么多年，而且从未放弃过。

因为我知道，人生 70% 要靠自己努力往前冲，享受其中的酸甜苦辣；30% 要交给老天爷，因为有些东西是要讲缘分的，你只要尽了力，就可以无怨无悔。

每当写作灵感受阻，我总会花几个小时去翻看我平时整理的素材碎片。

有的是台词截图，有的是歌词摘抄，有的是阅读时产生共鸣的文字，还有一些是没时间写长文，灵感闪现时的造句练习。

写不下去的时候，我总会想起自己最艰难的日子，想起痛彻心扉的失去，想起对生活对命运的不解和无力，想起发誓一辈子厮守、最终却离我而去的人。

在我慢慢与自己达成和解的过程中，也逐渐明白，那种看清生活的真相之后依然热爱生活的英雄主义，总能够透过时间的帷幕，寻找到自己人生的脉搏，扼住命运的咽喉。

如果你也喜欢写作，别去理会什么模板套路、技巧方法，坚持写下去就对了。

如果你也正在追梦，别去在乎旁人冷眼嘲笑、评头论足，坚持走下去就对了。

机会不是等来的，路一直都在你的脚下。

成功没有捷径，挺住就是一切

诗人里尔克有一句诗：哪有什么胜利可言，挺住就是一切。

女作家扶南写过一段话：每个人都会有一段异常艰难的时光，生活的窘迫，工作的失意，学业的压力，爱得惶惶不可终日。挺过来的，人生就会豁然开朗，挺不过来的，时间也会教会你怎么与它们握手言和。

《奇葩大会》上，导师高晓松有一段很精彩的演讲，大意是说，我们早晚都会被生活打败，当你坚持到下半场的某个时刻，换人名额用完，体力耗光，会很绝望。所以还有力气的时候，一定要狠踹生活，因为生活绝不会因你胆小懦弱、什么都没干而饶了你。

很多时候，我们的人生就像在汪洋大海里面游泳，看不到彼岸，便生出慌乱和绝望，但你一旦选择放弃不游了，可能就会永远沉下去。

也像打麻将，哪怕你抓到一手烂牌，也要好好谋划怎么打，上家做"清一色"，下家"吊小七对"，你能放给对家一个"点炮"，其实也是赚了。

当你看不到希望，徘徊不定的时候，唯一能做的，大概就只有坚持下去了。

02

我有一个高中同学，叫韩迎。她很刻苦，无论你什么时候看到她，都在学习。

韩迎五岁学会洗衣洗碗，六岁学会炒菜做饭等家务。有记忆以来，她很少能见到父母，孤零零地守着爷爷奶奶住，穿表姐们穿过的旧衣服。

长辈们告诉她，女孩子只需要完成九年义务教育就够了，到了二十岁就该嫁人了。她在的那个村，从来没有一个女孩子上过大学，都早早地结婚生子了。

她还有一个妹妹、一个弟弟，父母常年在外打工赚钱很辛苦，读大学的机会是得留给弟弟的。

她的初中是在乡镇中学念完的，学校离家特别远，每天都要花三个多小时走在路上。

那所学校师资匮乏，英语老师之前是学历史的，只会用录音机教读单词；数学老师嗜酒如命，四分之一的时间都是喝得醉醺醺的才去上课。

好在教语文的班主任比较负责，不但鼓励她考全校第一，还说服她的父母让她继续读高中。

03

进入高中以后，韩迎很自卑，觉得自己吃喝穿戴都不如别人，很少与人交流。

而且，她的英语太差了，刚开学的那个月，她每天都要躲进卫生间哭完，才能平复心情进入学习状态。她花了很多时间在英语上，重新回顾初中学过的单词，加强听力和阅读训练，可每次考试都是全班倒数。

她一边掉眼泪一边拿出词典查单词，一个学期过去了，进步依然不明显。她仅仅是凭着与生俱来的倔强，才没有选择放弃。

她把作息时间从晚上十一点睡觉、七点起床，换成凌晨一点睡觉、六点起床；把午睡的地点从宿舍变成教室；为了避免上课打瞌睡甚至选择不吃早餐，因为饥饿能保持清醒。

韩迎就这样一直坚持着，直到高一结束，才考到了班上前十名。虽然她已经付出了行动和汗水，却陷入无尽的焦虑和恐慌之中，觉得自己只是运气好而已。

进入高二以后，她通过跑步来磨炼自己的意志，一有时间就刷理综题和数学题；语文课堂上也开始和有不同意见的同学争辩；英语有了大幅度地提升之后，便稳居全校第一了。

然而，现实却从来都不会是一个水到渠成的励志故事，用力生活的人常常被命运戏弄到哭笑不得。

韩迎在高考体检的时候，查出传染性肺结核，被隔离起来治疗，虽然最后参加了高考，却连二本线都没上。

04

后来我再次见到韩迎，已经过去了十年，她念完了上海财经大学的研究生，供职于一家外企。

这十年，我不知道她是怎么度过的。高三复读，考研二战，找工作从上海辗转到北京……似乎发生在她身上的每一件事，都没办法一步到位。

她是怎样亦步亦趋地走过那些艰难的日子，承受着怎样的苦痛和煎熬，如何面对一次又一次的失败还敢相信自己？孤独的时刻如何冷暖自度，外人永远都无法感同身受。

她把一口氟斑牙变成炫白的烤瓷牙，邀我去星巴克喝咖啡。27岁还单着的她，一身都市精英的打扮，举手投足间都充满着自信。

我不禁感叹，每一个一路拼杀、独自走过的人生，何尝不励志。可非得从韩迎身上总结出点什么成功经验的话，却又只是"坚持"二字。

当年，她写过一篇满分作文，题为《成功没有捷径，挺住就是一切》，语文老师在课堂上念给全班同学听，我至今还清楚记得有这样一段：

为了摆脱 20 岁出嫁的命运，为了考上心仪的大学，我咬牙坚持了 11 年，明明很辛苦，却从来不敢放弃。许多人问我一个人在夜晚跌跌蹒蹒路上的心情，我想起的不是孤单和路长，而是波澜壮阔的海和天空中闪耀的星光。

十年如一日，她依然倔强，只顾日夜兼程，追寻自己的星光和绽放。

05

廖一梅说，很多人疼一下就缩起来了，像海葵一样，再也不张开了，最后只有变成一块石头。要是一直张着就会有不断的伤害，不断的疼痛，但你还是像花一样开着。

在我看来，生活最难的部分不是让自己免于疼痛，而是如何在受伤之后，依然愿意冒着疼的风险，积极尝试，拥抱更多可能性。你在时光里旷日持久的思考，日渐娴熟的技巧，较真或者敷衍的表情，都不过是为了对付今后更难走的路。

即便陷入困境之中，也并非总是孤立无援。有的人靠倔强，有的人靠信仰，还有一些人不纠缠于是否生死有命，在劫难逃，只凭一分一秒地熬，一步一步地走，就生生把那些最黑暗的日子变成过去。

伤心有时，沮丧有时，贫贱有时，失意有时。当你回头看自己，眺望每一个在艰难时刻笨拙地向上爬着，始终不肯放弃的自己时，你会心存感激。

起初你不知道自己有多强大，不知道什么时候能复原。现在你知道如何止疼，也知道自己会痊愈。

生命的力量，在于不顺从

01

一个写作圈的朋友找我聊天："感觉公众号气数已尽，就算认真去写也没人看了，你有没有'新战场'？"

看到消息的时候已是中午，那天我 6:20 起床，一直忙到 13:20，连看手机的时间都没有。

我回复她："我只会写作，拍不了抖音，也做不了直播，'新战场'没有我的容身之地。"

她继续说："可是现在的阅读量呈断崖式下跌，明明已经看不到希望了，你为什么还不放弃？"

我王顾左右而言他："因为我不是明明。"

突然想起之前的一个女生节，我的一个画插画的女性朋友经期到访，难受得在椅子上翻来翻去，却还要坚持赶稿。

她在朋友圈提到，37 岁的林青霞拍《东方不败》的杀青戏，坐在寒风中 4 个小时做大侠状，她不想被人发现便悄悄背过脸去哭，徐克从监视器中看得鼻酸。

在朋友看来，就算是美人也有烦恼，在外漂泊，前途渺茫，情路多舛，她们一样也会遇到。可是回头想想，还是美丽的人更好，至少她们比较能够哭诉人生的残酷与无常。

就连这个哭的画面都是美的，是值得书写下来的。无法柔软，没有退路，只能挺住，只能励志，才是平凡女人的疲倦和心酸。

其实，平凡男人并不是没有疲倦和心酸，他们只是善于伪装，常常打落牙齿往肚子里咽，不提疲倦和心酸。

02

高考百日誓师大会结束后，有同事感慨地说，学生在会场都是精神抖擞的，口号喊得一个班比一个班响亮，不知道回教室后会怎样。

我当然知道他们就只有那几分钟的热度，但是在他们用尽全力呐喊的时候，还是让人感动。

我是一个害怕仪式的人，毕业晚会发言的时候会哭，参加葬礼看到家属红肿的双眼会哭，参加婚礼看到新娘新郎相互许诺会哭。

就算有口无心，那些关于青春的宣言，也曾是来自他们心底的宏愿。

能不能成功已经不重要了，一个人力所能及的只是保证做好自己，结果需要交给命运去审判。而命运的审判是，人生不如意事十之八九，更不如意的还有一二。

曾经树立起来的那些满怀信心，已经在岁月的磨耗中消失殆尽，如果还残存一些相信，我只相信认真的力量。

"认真"是一种人生态度，以后不管是顺遂还是逆退，若能在每一个人生的关口始终自持，应该会多出一些从容应对人生风雨的底气。

舆论总是将人引向"努力必然成功"这样一条励志老路，却忽略了"开始努力的时间和努力的动因"这样细微却又重要得关乎一个人命运的因素。

努力的动机与努力的外在同样重要。大部分人心怀梦想，但是大部分人不会处于绝境，他们不会面临饥饿、流浪或更多痛苦，不会在出发之前说破天，他们在行进中有的只是蹉跎和抱怨，然后以平庸草草收场。

很多人看了几本励志书就开始热血沸腾，第二天却仍然躺在床上一动不动。

人的坚韧需要对于苦痛的反复演练，懒惰只需要一秒钟的贪图安逸。如何对抗闹钟响起时在温暖被窝里上演的那些内心小话剧，决定着你是否可以变得和别人不一样。

03

有个考研失败的读者，曾给我发过一条微信：你曾说，当你摇摇欲坠的时候，很多人其实已经倒下了。可是我明明已经花了一年多的时间去准备，已经拼尽全力，为什么还是节节败退？

我不知道如何去给到他真正的安慰，或者所谓的精神动力。换位思考一下，他考研的艰难，会不会像是让我灌满一脑子的心灵鸡汤，喷洒满腔励志成功血，激发出天赋值里不知道有没有分配额的潜能，去拿一个百米短跑的冠军。

有志者，事竟成。说来说去，也就只有那么一个"楚虽三户，亡秦必楚"的典故，热血的时候尚且可以听一听，但它真的代表不了大千世界的芸芸众生。

现实生活更多的结局是，苦心人，天也负，如果你既不高又不帅也不富还没有天赋，上天让你苦心志、劳筋骨、饿体肤，就是为了给你留一条后路，搬砖刷碗的时候更加得心应手。

龙应台在《跌倒》中写道，我们拼命地学习如何成功冲刺一百米，但是没有人教过我们，你跌倒时，怎么跌得有尊严？你的膝盖破得血肉模糊时，怎么清洗伤口、怎么包扎？你痛得无法忍受时，用什么样的表情去面对别人？你一头栽下时，怎么治疗内心淌血的伤口，怎么获得心灵深层的平静？心像玻璃一样碎了一地时，怎么收拾？

可是转念一想，他考研失败真的只能怪运气不好，老天爷不长眼吗？

如果他在上政治培训课的时候没有打瞌睡，解数学题的时候没有急着翻答案看解析，在吃透专业课知识之前没有急着买内部资料，冬天的早上没有赖在床上 10 点才起床……

结果会不会不一样？

04

曾经有人对我说，"读书是你唯一的出路"，我以为是在鼓励我，直到过去很多年，我才明白是在同情我。

没钱没背景，体单颜值低，除了通过读书改变命运，就真的无路可走了。

开通公众号以后，确实有过很多新的风口，课程、直播、抖音……但我只会写作，别的做不来，就算公众号气数已尽，我也只能成为陪葬品。

我当然会因为公众号的阅读量下跌而焦虑，也会因为写不出文章而挠头，却从来都不敢轻言放弃。

心里也曾有无数的情绪想要倾诉抱怨，也曾在深夜累到筋疲力尽、双眼呆滞，也曾在大脑不能思考时默默饮泣。

在"失败—坚持—再失败—再奋斗"的循环中，我学会慢慢跟自己讲和，无论昨日有多么痛苦，次日清晨依旧会精神饱满开始新的一天。

　　我还是想对大多数在奔跑的人说，把疑虑放心底，别想太多，向前奔跑，但行好事，莫问前程。

　　风可以吹走一张白纸，却不能吹走一只蝴蝶，因为生命的力量在于不顺从。

看清生活的真相，依然热爱它

01

看过一个小故事，感觉挺温馨的。

一个中年男人整理旧物，发现儿时的一堆玩具，士兵们正在排兵列阵。

男人问："你们在做什么？"

士兵们回答："我们在等司令回来。"

男人一愣，犹豫了一下，说："你们的司令不会回来了。"

"司令死了吗？"士兵们问。

"不，他只是长大了。"

02

故事戛然而止，没有男人五味杂陈的心理活动，也没有男人泪眼婆娑的转身，但是"长大"听起来，却像死了。

每个故事都应该有一个结局。生活给我们的惊喜总是让人意想不到，我们都曾喊着要和别人不一样，后来发现别人果然和我们不一样。

有的人学习代码一点就通，有的人看书一目十行，有的人语感很棒。演完人生的上半场陡然发现，上帝一不小心换了剧本，我们从主角一下就成为了芸芸众生里的普通人。

"上了大学就好了""稳定下来就好了""让自己变得更好就好了"都是善意的谎言。安逸无忧是细碎的，焦虑烦恼是冗长的，梦想实现了还会有新的梦想，欲望满足了还会有新的欲望，麻烦解决了还会有新的麻烦。

这世界有许多规则和游戏相通，"外挂"会有人开，天赋异禀者也有，但终究是少数。除非是人民币玩家，否则你在没有刷满经验之前通不了关，你在未经历时得到的东西一定会以某种方式失去。

快乐是嵌在无聊漫长的时光里的，不会因为经过几年的修炼、历经艰险、掉多少滴血，就得到系统的奖励。

作为一个普通人，这么好玩的游戏，找几个好队友，找一个自己适合的位置，千万别输了。

03

年少的时候，大概你也曾幻想自己可以成为一名剑客。随身携带佩剑，身着白衣，风度翩翩，匿于黑暗的角落里，刀光剑影，一招制敌，甩给时空一个潇洒的背影。

长大以后，你的背影出现在一个很普通的大学之中。时间在扇了你一个耳光之后，留下你落寞的背影扬长而去。

你在中考和高考这一个个兵不血刃却硝烟四起的江湖里被折磨得蓬头垢面，最终却只是成为平庸者里并不显赫的存在。

梦想这个词不只是会被这个时代过度消费，也会让人在各自经历的黯然无奇的青春里，发觉自己消费不起。

你去京城满大街溜一圈，看看望京 soho，宇宙中心的办公楼，看看一脸朝气蓬勃，挂个胸牌晃来晃去，匆匆忙忙的，都是年轻人。

当你面对特别真实的生活压力，比如买房、结婚、看病，你就会发现，什么都是扯淡。

你认清楚自己真正的位置，认清楚自己真实的能力，自己家庭的实力，然后在这个框子里，去做一颗螺丝钉。

你活得越来越坦然，不是拥有的多了，而是不害怕面对困境和危机了。不是一定要过什么样的生活，而是什么样的生活都能安然地过。

想说的话全在草稿箱里，在心里，在梦里，在你转身之后爱人的眼里。你接受自己是平庸无奇的凡人，时刻努力让自己远离平庸。

对我们来说，真正的成长是很残酷的，你身边的旧人会迅速地离你越来越远，不断有一批一批各个领域的陌生人进入你的视野，与你产生崭新的联系。你成长的速度越快，这个新老更替的速度也会越快。

在这个过程中，你会意识到有些本来难以割舍的事情其实并不重要。时间像一个漏斗，把你的人生积累层层筛选下来，把你现在不需要的过滤掉，只留下一个与以前不同的你。

成长的一个副作用就是，无论看到谁和谁分开都不会觉得太奇怪。但换一个角度来看，这或许是一个"正作用"，无论谁离开，你都有勇气去面对新的一天。

这无关优秀与否，也无关感情是否深厚，只是各自的经历让你们不断疏远而已。你不断地跟熟悉的东西告别，跟熟悉的人告别，做一些以前从来不会做的事情，爱一个可能没有结果的人。

成年人是学会了一边哭一边笑这个神奇技能的物种，高考失意了，还是要出门谈恋爱；办公室里受了委屈，并不妨碍我要去做指甲；老伴离开了，广场舞还是要去跳。

以前难过的时候茶饭不思，现在可以一边流泪，一边默默地去厨房给自己下一碗排骨面，还不忘加俩鸡蛋。以前得不到一个东西会闹会发脾气，现在懂得谋而后动，一步一步走过去。

你终于不再相信自己也许也能成为《数码宝贝》里被选召的

孩子，可以拯救地球，不再相信自己像大雄一样笨还能有哆啦A梦无条件助攻，不再自开主角视角，觉得自己是特别的那一个。

成长就是接受一切现实情况，努力地活下去，看清生活的真相，依然热爱它。

05

宋朝词人陈与义有一首《临江仙》，下阕是：

二十余年如一梦，此身虽在堪惊。闲登小阁看新晴。古今多少事，渔唱起三更。

第一次读到这首词是在十几岁的时候，只觉得境界旷美，就没有更多认识了。

多年以后，有一天在路上走着，不知不觉想起好像有一句话叫"二十余年如一梦，此身虽在堪惊"，一查，才发现是这一首少年时偶然看到的词。

这一句话，也是我多年来对成长、过往、未来，对整个人生最直观的感触：

原来已经走了这么远，原来还要走很远。

告别的时候，请用力一点

01

张驰来接我们班的课的时候，20岁不到，高中毕业后考了师专，因为持械打群架被学校劝退，被仇家追杀得到处躲藏。

他的父亲英年早逝，他由爷爷带大。爷爷是学校的一名老教师，实在教不动了，便把他安排到学校代课。

因为教师短缺，学校通常是安排一个老师"包干"一个班级的课，他教我们所有科目的课程。

他的教学方法就是打。作业不交，打；上课吵闹，打；书本损坏，打；把女生逗哭，打。

有一次我的数学考了99分，做错了一个很简单的比较大小的题，发试卷时候，他一把抓住我的衣领，试图将我举起来，吓得我差点小便失禁。

他打人从不管你父亲是谁，也不管你成绩好坏，能用打解决的事情，从不和你动口。他只有一个原则，不打女生。他不但不打女生，还护女生的短。

02

班上有个留级多年的女生叫张冬菊，是女生里唯一开始发育的。

高年级的学生下课经过教室，吹着口哨说"张冬菊，睡觉去"，张驰冲出教室，一拳打在墙上，把嘴损的男生吓哭了。

张冬菊每天都要走四个小时的山路来上学，早上还得割满一背篓的草才能出发。她披星戴月独自一人走在山梁子上，冬天只穿一双破破烂烂的帆布鞋，连袜子都没有。

张驰买了一双棉鞋送给她，还有一个可以充电的电筒，高年级的同学都说他们"有一腿"。14岁那年，张冬菊四年级，父亲逼迫她嫁人。当时的农村人嫁女儿，仿佛就是卖女儿，她就跑到学校里躲。

夫家集结一群人来学校找人，张驰挡在了张冬菊的前面。

"小毛孩，快让开，没你的事，钱都交了，我们一定要把她带走。"一脸粗犷的汉子道。

"没有我的同意，看谁能把她带走。"说罢，张驰拿出一根钢棍，那是他平时防身的武器，对方二三十人，他都没有放在眼里。

遗憾的是，现实生活里发生的故事没有峰回路转，也没法大快人心，它只会出其不意，丢出一个不尽如人意的结局。

03

械斗的结果是，张驰被打折了右手，好在对方无意取他性命，打累了就都散了。

张驰打着石膏去上课，板书不方便，四年级的那个冬天，都是我给他把要做的题目抄写在黑板上。那时候，我们刚学到"只要……就……""如果……那么……"这样的句式。

农村的孩子，冬天免不了生冻疮，手指常常溃烂流脓。张驰给我一双皮手套，那是连他都极少戴的。手套并不合手，却让我对那个冬天印象深刻，因为我没有生冻疮。

张驰的画画得好，我们是整个学校唯一真正开设美术课的班级，他画的素描惟妙惟肖，每一样物件都能分毫不差地画下来。

一节课上，张驰给我画了一张素描画像，我把它挂在床边。

我当时喜欢班上的一个女孩，就把她的名字写在纸上烧成灰，涂在画像心脏的位置，那是我第一次喜欢一个人的记忆。

04

张驰的歌唱得好。他教我们认简谱，打拍子，唱《童年》《信天游》《光阴的故事》。

他的字写得好，左手提油漆，右手拿刷子，写在墙上的宣传标语又工整又漂亮。前不久回到学校旧址，他写在墙上的字已经剥落了漆，笔画却还能依稀辨认。

张驰离开人世的时候是 28 岁，肝硬化腹水，他从翩翩少年变得面色晦暗，消瘦浮肿。

在家家户户都在庆祝春节的时候，他悄悄离开了人世，那年我读初三。

他没有结过婚，没有后人，大概已经很少有人记得他了吧。除了我，不知道还有谁给他烧过纸钱。

当怀念变成悼念，我甚至怀疑我与他的相遇，只是一场幻觉。

05

我曾以为，每个人都可以活到白发苍苍。我和张驰已经近 20 年没有见面了，比他小 10 岁的我，如今还长他 1 岁，我很想告诉他，这些年来我的成长经历。

和青春有关的，都在跟我们告别。球场上的英雄退役，屏幕里的美人衰老，心动过的男孩女孩成了别人家孩子的爹妈。《童年》是 38 年前的歌，我高中毕业 12 年，已经参加工作 8 年了。

与梦想有关的，都在现实里妥协。校园里的学霸没有兼济天下，最后普通如你我。为旅行和爱情冲动过两次的女孩，伤口还没疗愈就找了个老实人结婚。初坐的自行车后座生了锈，递出的纸信模糊了字眼，所有人都败给了岁月。

活了近 30 个年头，回头发现最难的事竟然是找到自己，人生路竟然可以这样短，只是转身倒了杯热水，放下之后，就毕业了、工作了，不再一根筋不服输了。

能感动的事越来越少，心本温暖却释放着寒气，体内有的洪荒之力，被镇压到虚成"天线宝宝"，心安理得地拿着四五千的月薪，竟然觉得"也还行"。

我们常常难以理解，在这个有微信有高铁的年代，怎么还会有分开后就失去联系的悲剧。可是我们却正经历着和太多的人，一毕业就是一辈子不见。曾经很有默契的一群人，现在也很有默契地不再联系彼此。

至于阴阳相隔的人，除了悼念，还能做点什么呢？

06

电影《寻梦环游记》里有句台词：一个人真正的死亡，是被所有人遗忘。

年少的时候不懂来和去。养的狗死了，回家打开门的一瞬间没有它来迎接，哭了三天；后来慢慢对离别和永别变得洒脱，要来就来，要走就走，大开大合反而成了小家子气。

心里有另一个声音问自己：你是不是没有良心？完全答不上来。仿佛自己永远在一个十字路口，身边的人会停下等红灯，有些红灯需要等很久，但没有读秒可以读一辈子。

告别的时候，请用力一点。真正要离开的人，什么也带不走，什么也留不下。只有比雾还模糊的记忆，是来过的证据。

我不愿意忘记，只能在某些夜深人静的时候，因为思念悄悄流泪。

第二部分

孤独时刻
你是你的坚强后盾

能与孤独相处，才能和灵魂相遇

01

几年前，我看过一个纪录片，一名野生动物摄影师正在跟拍一群迁徙的企鹅，却被其中一只吸引了。

它既不向冰原边缘的觅食地前进，也不返回栖息地。只见它独自朝着群山直冲过去，山在 70 千米以外。摄影师为了拯救它，几次把它带回栖息地，或是让它跟着大部队走，可它还是会立即掉头朝群山而去。

这是为什么呢？人类的原则是不能干扰或者阻止企鹅的，只能静静地站着看它继续前进。它朝着广袤大陆的深处而去，没有同伴，不停摔倒，没人能理解它想干什么。

它还有 5000 千米的路要走，终将难逃一死。

这是我见过的最孤独的一只企鹅，当时看的时候眼眶都红了。

有世界上最丧的动画片之称的《马男波杰克》，主角波杰克是一匹马，18年前因为情景喜剧《胡闹的小马》在好莱坞爆红，过气后便把生活过得一塌糊涂。

他一边在早上听成功学课程，戴手环跑步，努力给自己打鸡血，一边在晚上"乱搞"，在泳池边泡妞喝酒到天昏地暗。

马男的一生都在追寻和错过中度过，他和小鹿告别的时候，发现自己是喜欢小鹿的；打算和戴安告白的时候，戴安被花生酱先生求婚了；好不容易碰上猫头鹰旺达，旺达不爱他；从始至终陪伴他的猫公主，他又不懂得珍惜。

他有豪宅、有派对、有首映礼，有整天尾随他的娱乐记者，身后有人在为他狂欢，身前有人在为他奔忙，却没人与他有关。他的身边似乎从不缺人，可他总是一个人。

劝朋友的时候，他说的一番话，一瞬间竟戳中了我内心最柔软的部分：

如果有幸遇到能凑合忍得了的人，就用尽全力抓紧，无论如何都不要放手。因为不将就的话，你会一点点变老，生活会变得更艰难，你会更孤单。

你想方设法要填补内心的空虚，用朋友、用事业、用毫无意义的性爱，但是内心的空虚却依然还在。直到有一天，你看着自己的周围，发现大家都爱你，却没人喜欢你，那将是世界上最孤单的感觉。

03

大学毕业以后，我一个人住了六年。独处久了，变得害怕说话，别人问起近况如何，也只是给一个微笑让他自行体会。

我只会去同一家理发店，同一家服装店，同一家电影院，同一家餐馆……

不知道多少次把钥匙落在家里，于是多配了一把，一把放办公室，另一把带身上；被大雨困在了外面多次回不了家，每次都会买一把伞，家里都十多把了，还是学不会出门带伞。

和生活短兵相接太久，便会为了一些称之为利益的东西，放弃一些原本就不太牢固的坚持；会为了家人的愉悦，勇敢承担起那份沉甸甸的责任；会为了"革命本钱"，放弃熬夜开始坚持运动；会为了打破当前的窘迫局面，重新拿起书本自我增值；会为了所谓的长痛不如短痛，毅然决然地放弃一段倾注了所有的感情。

买房、买车、找对象、结婚、生子、挣更多钱，这些世俗意义上成功的标志物，渐渐一样样摆在眼前，如同《大话西游》里金箍就摆在至尊宝的面前，闪耀又有吸引力，让人战战兢兢，久久不敢向前。

成长真的是一个很痛的词，不一定会得到，却一定会失去。

04

复旦大学的才女曲玮玮说，生活不仅不是织毛衣，甚至连蜗牛爬金字塔都不是，没有任何人向你拍胸脯保证，你所做的一切努力都指向前方。

有人用了错误的健身方式，辛苦流汗，却把自己严重拉伤。一些连续创业者，总是急于标榜自己在失败中得到多少宝贵的经验，却不会勇于承认，自己消耗了多少资源和好年华。

你只是走在陌生丛林里的旅人，天高地暗，薄雾微茫。你可能离星辰大海越来越近，可能跋涉一天依然绕回原点，甚至努力一番仍向后退。

作为一名数学老师，我会教学生线性规划，寻找最优解。可是在成长中，自己却是碰了无数次壁，摔了无数次跤，伤口愈合处才长出一寸护甲。尤其是开始接纳真实的自己，看清这个世界后，会觉得很疼。

小学的时候背乘法口诀表，所有的同学都走了，就我一个人背不出来被留校；中考考体育，拉单杠因为个子太矮没抓稳，摔伤腰躺了半个月；进入高三听课爱走神，每次月考的成绩都是班级倒数……在那些瞬间我总在想，人生应该没有比这更惨的了吧？

大学毕业，发愁找不到工作，笔试入围几次都因面试怯场被刷下来；第一次当班主任被学生背地里骂，绝望地质疑自己根本不适合当老师；在出租房写第一本书，进展缓慢的时候常常焦虑到一整天吃不下饭……在那些瞬间我总在想，我这么没用的人怎么还有脸活在这个世上？

可能生活就是这样，当你承受着从前未曾经历过的苦难，都会觉得这是人生里最为艰难的时刻，可等你熬过去了，回头看才发现其实也不算什么。

也许经过自己的不懈努力，今天终于离梦想更远一点了，生活依旧一地鸡毛。但随着年龄的增长，却让我学会将鸡毛扎成掸子，把生活拾掇得干净一些。

有时候，我们其实很像那只固执的企鹅，虽千万吾独往矣，就算知道必有一死，也要去山的那边看看。

也像虽然过得很丧却也用力生活的马男，不要停止奔跑，不要回顾来路，值得期待的只有前方。

你的孤独，虽败犹荣，能与孤独相处，才能和灵魂相遇。

一个人怕孤独，两个人怕辜负

01

《奇葩说》第四季有一期的辩题是："'剩男剩女'找对象，该不该差不多得了？"

胡渐彪发言结束的时候，我原本躺着，随即翻身坐立思考人生，因为他的观点戳中了我：

我之所以单到今天，我一定有一个内心不愿割舍的标准。我坚持的标准，是我需要有一个能够真正包容我过去经历的人。也可能是因为性格的某些特点，需要有一个人能够真正由衷地接受和懂我。

"剩男剩女"心中那个不放下的标准是，没那么简单就能找到一个聊得来的伴。一个人孤独终老很可怕，但是更可怕的是，两个人孤独终老。

我之所以被打动，是觉得身边的人总是高估我。他们都说我很厉害，书教得好，带实验班，会写文章，有车有房，算是教师群体里比较有出息的了。

其实，我有很多缺陷、挣扎和无能为力。我不喜欢说话，并不是温和，只是忍住不让坏脾气发作。我用礼貌和文明阻止内心的欲望，透支身体去赚钱，只是因为过去穷怕了。

我也想找个人相伴余生，但她知道这些真相后，会恐惧，会失望，会离开我吗？

我试图去抓住生命中的每一个温情瞬间，但我连自己都照顾不好，由于害怕失去，就不敢多走半步。

一个人怕孤独，两个人怕辜负。我如此渴望能倾诉，又害怕被了解。

02

人是一种很奇怪的动物。单身就像是一种惯性，会时不时有喜欢的人出现，然后很快又陷入"好感—喜欢—暧昧—无趣—恢复平静"这种循环。

生活时而刺激，时而无趣，我们也只有在无趣的时候想到，要是有个人陪着多好。在剩下那些光怪陆离、被安排得满满当当的日子里，半分都不想"脱单"。

单身久了的人，每每试图和另一个人进入到更亲密的状态，彼此开始想要拥有并控制对方的时候，往往就开始本能地逃离。

有些人选择单身，是希望获得自由。尤其那些从小到大长期受到家庭强烈控制的人，很难接受有另一个人进入自己的生活。

他们不想被束缚，哪怕是一点点的束缚。而爱情本身，就是希望占有对方，进入对方的生活，成为对方生活的一部分。

还有一些人会觉得，和自己互有好感的人相互关心就挺好了，一旦确立恋爱关系，你的付出在对方看来开始变得理所当然。两个人的摩擦，也会越来越多。

他们的内心很没有安全感，自己不够强大，不想去依赖别人，不想给别人制造麻烦。一旦坠入爱河，最终只会把自己喜欢的那个人，潜移默化地改变成和自己一个模样。

本来人就没有完美的，接触得太紧密，反而会打破彼此在对方心里的形象。所以，他们觉得自己还不够好的话，就不会去真正地谈一场恋爱。

03

有个女孩曾告诉我，一个人年少的时候，最好不要遇见太惊艳的人。

可是没办法，我们总是不可避免地要被年少不可得的东西羁绊一生。

我和那个女孩穷游大半个中国的时候还身无分文，用攒了很久的稿费买了最慢的火车票，就住不起星级酒店了。

偏僻的小旅馆，晚上潮热到不行，半夜的时候我已经出了一身大汗，无论如何也坐不住了。正想着是不是要到楼道凉快凉快，就听见轻微的声响。我只觉得后背微凉，却不知道女孩在我身后站了多久。

"衷曲，"女孩用极其细微的声音叫我的名字，"你困吗？"

女孩搬来椅子，伸出一只胳膊推了推我："你往里点儿，给我腾点空间。"

女孩在包里鼓捣半天，把一只耳机给我塞上。一段缓慢安静的音乐，在闷热的夜晚听起来，有种奇妙的违和感。

"You're just too good to be true, can't take my eyes off you……"我听得沉醉。

"我希望有一天，我的那个他可以开着迈巴赫来迎娶我。"女孩说。

我把女孩看得很清楚，她脸上的每一条轮廓，都那么清晰分明。在窗外射来的雪亮的追光柱下，一切又清晰得反而不真实。连她整个人，都像梦幻般不真实。

"你美好得如此的不真实，我的视线无法离开你。"

每一个不想谈恋爱的人，心里都住着一个不可能的人。我搜了一下"迈巴赫"三个字，就在想，我这一生，应该是赚不到288.8万了吧。

有钱人才能叫单身，我最多叫光棍。

你之所以成为"剩男剩女",是因为曾经付出了真心实意,却收获了无能为力,怕再让自己的希望又被自己亲手毁灭。

你之所以没有选择轻易开始,是不想在开始之后,就一直活在失望之中。

你已经只剩下一点温存,怕给错了人,怕被浪费,怕温暖不了自己。

如果你想要的只是一种陪伴,那你根本不必等这么久,找一个人和你一起风花雪月、甜甜蜜蜜,是很容易办到的事,但你并不觉得这样于你的生命有意义。

所以你宁愿再等等,也不想为迎合社会的要求而凑合导致时间的浪费,这只会减少你人生中高质生活的时间。

人生这么长,你还等得起;人生这么短,浪费在排遣寂寞上,多么可惜。

我们每个人,赤条条地来到这个世界上的,无论胖瘦美丑,每个人都孤独。所以,我们总想有那么一个人,一个没有血缘关系的人,可以像血亲一样互相信任,有默契。

人生这七八十年,有几年是用来谈恋爱的?对很多人来说,甚至只有几个月。在没碰到那个人之前,努力提升自己,让自己变得更优秀,也是件很有趣的事。

05

感情是消耗品，消耗得多了，就很难再拿得起来。择一城终老，与一人白首，需要慎之又慎。

我们都只有一辈子，根本没有倒退和重来的机会。时间有限，感情有限，所以要小心地选择，尊重别人，也尊重自己。

成为"剩男剩女"，是因为你没有那份耐心与承受失望的能力，反复试探与进退；是因为生活品质也许会由于接纳一个人而被降低，你还没有做好准备；是因为遇见一个知我懂我、明白分寸与距离的人不是太难，而是你尚未体会。

以前觉得，爱情大家都会有，我也不例外。后来发现，在爱情里只有两种人，一种是幸运的，一种是将就的。

我迟迟不肯交出自己，不知是否幸运，但我不愿将就。

单身太久，变成了自己最想嫁的那种人

01

在网上看过一个很有意思的段子：23 岁单身，我得多出去走走，才能遇到那个人；29 岁单身，如果那个人真是我的真命天子的话，那么他会来到我家找到我的。

然后有人"神补刀"：32 岁单身，那个人怕是死半路上了，我还是一个人凑合过吧。

一个人单身太久了，真的会得"单身癌"。如果有人稍微走入你的生活，就会有种生活节奏被打乱的不安感，尤其是在需要牺牲自己的时间与喜好，去取悦另一个人的时候。

就像刘若英在歌里唱的，喜欢的人不出现，出现的人不喜欢。有的爱犹豫不决，还在想他就离开，想过要将就一点，却发现将就更难。

更悲伤的故事，不是你不愿将就，是连将就的对象都没有。只有送外卖的小哥，才会不厌其烦地敲你的家门。

有个网络流行词叫"母胎 solo",指从出生开始一直保持单身,没谈过恋爱。在"母胎 solo"的人看来,两情相悦很难,通常会走向两个极端。

我喜欢的人不喜欢我,让我难过、自卑、有挫败感,我不希望自己有这么多不受控制的负面情绪,所以我会一刀两断。

我不喜欢的人喜欢我,让我愧疚、尴尬、紧张,我同样不希望自己有这些情绪,所以快刀斩乱麻,谁也别耽误谁。

我有一个朋友叫唐婧,自称"母胎 solo"。前几天她过生日,吹蜡烛的时候说了句:"没想到我已经 29 岁了,还没谈过恋爱,初吻还在。"

在场的人都觉得难以置信,毕竟平常她算得上是位知心大姐,朋友遇到情感问题,都喜欢找她倾诉,她也能一针见血给出解决问题的方案。

她难得画风突变,继续说:"你们现在都是成双成对的,就我一个人单着,其实单身久了还蛮孤独的,尤其是某些特殊情况下。"

她说起特殊情况。

有一次下大雨,下班了没带伞,她冒着雨冲出地铁站朝着家走,一边责怪自己为什么不找个男朋友,一边告诉自己既然选择了单身,就得扛着。

还有一次食物中毒，差点死在出租房。她颤抖着起床，自己打车、挂号、就诊，自己提着吊针上厕所，很希望有个人能陪伴在身边。

最怕空气突然的安静，我说了句："为什么不找我们呢？"

她说："不一样的，很多时候我都不好意思找你们，第一离得远，第二你们也有自己的生活。"

03

因为长时间单身，唐婧觉得自己失去了喜欢一个人的能力。

网上列出的那些孤独清单，一个人吃火锅、一个人逛街、一个人旅游、一个人去游乐园、一个人住院，唐婧都干过。做这些事的时候，她没有感觉到孤独，反而乐在其中。

也有男性对她报以好感，但她受不了一个人每天早中晚问候她吃了没有，她会觉得浑身不自在，也不屑敷衍。

唐婧的条件并不差，在南方，一米七三的身高很多人都得仰视，因为长期健身所以没长一点赘肉，随时都是精致的妆容，我都忘了她素颜是什么样子。

家人觉得她太挑了，但她无非就是想找个长得比自己高、赚得比自己多，两个人聊得来的男人而已。

因为她长期观察别人的婚姻，得出一个结论：男人是自尊心非常强的生物，当他发现自己个子比不上女方，工资不如女方的时候就会变得很作，甚至影响到家庭和睦。

单身到 29 岁，唐婧没有找到心仪的对象，反而变成了自己想嫁的那种人。

居家必备，清扫、料理、修理等技能满点；力气很大，一袋米扛上六楼不费劲；工作认真，毕竟要赚钱养老；兴趣广泛，军事、金融、情感、文学都有涉猎。

至于未来要和一个什么样的人在一起，唐婧表示一切随缘，她不介意孤单，已经做好了一个人终老的准备。

她说："我生来并没有义务一定要成为谁的妻子或者母亲，人生中结婚和生子不是必要选项，生而为人在这个社会已经很辛苦，只愿父母安康。"

04

村上春树说，哪里有人喜欢孤独，不过是不喜欢失望罢了。

我们总是这样，不懂得如何喜欢别人，耗尽对方的好感，也未曾被人喜欢过。常常觉得一个人也可以过得足够快活，但偶尔也会想要一个心灵的寄托。

以前觉得长大后要找一个像父亲一样对自己好的男人，后来父母离婚了，才慢慢发现父亲也有很多缺点，他对孩子的爱很满，但把自己的婚姻经营得很失败。

以前觉得"择一城终老，遇一人白首"是最美的誓言，有情饮水饱，幸福如挂面，爱人在哪里自己就在哪里。后来发现贫贱夫妻百事哀，只想留在离家近的城市。

以前觉得可以不在乎对方的收入，只要他工作能力强，肯努力上进就行了。后来发现孩子要想获得好的教育，就是拼爹妈给得起的经济条件。

我们慢慢被世俗磨平了棱角，风里来雨里去，练就一身本领，找去找来，发现自己才是最适合自己嫁的那种人。

如果你还是单身，心中一定渗透着不愿多做解释的纯粹与执着，一定要保管好，别轻易交出去。

愿你能够嫁给爱情，再黑的夜，都会迎来黎明，就算晴空突然转阴，也远比黑夜更加明亮。

告别的时候别挽留，孤独的时候别回头

01

说两个关于告别的故事，第一个来自几年前看的一档寻人节目。

有位叫颜世伟的老人，已经 80 岁了，半个多世纪以来，一直在找寻初中同学刘元江。

他俩一起同窗的时候，颜世伟患有大骨节病，天气寒冷手就够不到脖子，一直都是刘元江帮他洗头。后来因为战乱，两人断了联系，颜世伟移居美国。

70 岁的时候，颜世伟意识到自己的时日不多了，唯一的愿望是有生之年再见刘元江一面。于是，他从美国飞回中国，到曾经的中学查资料，亲自拜访知情人士，并在报纸上连续刊登寻人启事。近乎绝望之际，他通过电视节目找到了刘元江。

在节目现场，刘元江受邀而来。

隔着节目组搭建的书信形式的屏幕，记忆力惊人的颜世伟隐隐带着哭腔，动情地读着他写给刘元江的信，如同诵读一首岁月刻下的长诗。

"你还记得鸭绿江水的波涛吗？还记得帽儿山的云雾吗？还记得蚂蚁河的冰霜吗？还记得大礼堂的钟声吗？那都是我们共同走过的路啊。"

从刘元江脸上的表情来看，他仿佛有些知晓，却怎么都想不起来，他太老了，很多记忆早已随着岁月的流逝消散在风中。

02

颜世伟问："刘元江，你还记得在学校的宿舍里，你每天早上给一个同学洗脖子吗？你还记得每天早上，我们一起到江边练军号吗？"

刘元江说："记不清了。"

"你能记得 1951 年 10 月 24 号，有几个同学到临江车站，为一个远行的同学送行，当火车要开动的时候，忽然招手说，鸭绿江水深千尺，不及同学送我情，你把这都忘了吗？"

"对不起，真的对不起，我都忘了……"

刘元江因为想不起往事而愧疚，失声痛哭，不知所措。

"我再问你，1955 年 1 月份，你有个同学得肺结核，你给他寄去 40 块钱，这件事你能想起来吗？"

刘元江怔怔地回忆，没有出声。

"这是他的一笔救命钱，他至今都想着你，难道你都想不起来了吗？"

"我真的想不起来了。"刘元江不停用手背抹掉眼泪。

"你当时养着6口人，还能拿出这40块钱援助你的同学。你有一个同学在大连，你知道吗？他叫什么名字？"

"大连多了，颜世伟啊……"

"就是我啊！"

人生不相见，动如参与商……少壮能几时，鬓发各已苍。一次告别就是半辈子，颜世伟激动地擦拭着沿皱纹流出来的泪水。

60多年过去了，刘元江已经记不起和老同学一起上课练习军号，帮他洗脖子，送他去车站，给他寄救命钱，唯独还记得"颜世伟"这个名字，让人不禁落泪。

03

第二个故事，来自我刚刚萌芽却没有勇气送达的一份喜欢。

2015年夏天，我去重庆培训，遇到一个叫张倩的女孩。她的一抹笑容，扫尽我长久以来内心的阴郁，更坚定了我想要为她掀翻全世界的想法。

刚参加工作的前三年，每每夜深回家之时，我孑然一身走在亮如白昼的灯光下，不知道余生该怎么度过。平淡无奇单调乏味的日子，让我觉得似乎被囚禁在一潭黑水间，挣扎不得过。

在去重庆之前的很长一段时间里，我昼夜颠倒为我的第一本书赶稿，原本就想着可能会辞职，甚至都不打算去培训了。

可能世间真有"命中注定"这种说法，是我前世与人为善修得福报，才让我得以在培训机构遇见张倩。

可细细算来，在短短一周的培训时间里，我与张倩并没有什么交集。

第一次离她很近是沙龙总结时，我为她举牌子；第二次离她很近，是她给和我住同一个房间的同事送药，然而我却没戴眼镜；第三次离她很近，是毕业典礼那天和她留了一张合影。

我们甚至没能正式地坐在一起，说些体己的话，聊聊彼此生活中的细枝末节。尽管有很多个瞬间，我可以离她更近一些，结果犹豫不决，都错过了。

在一次训练中，我看着她因为解散晚了被罚做深蹲，很想冲到她前面替她受罚，仅剩的一点理智还是阻止了我，不提也罢。

培训过程中的每一个环节，不管机构做得多好，都是被设计过的，感动温暖，欢笑泪水，甚至每一句串词，都是商业包装的产物。

但我能感受张倩笑容里的真诚，那是随着时间的推移，她对业务更为熟悉之后，可能会失去的东西。

04

因我不愿做个留恋的人，所以一直未曾主动与张倩联系。毕业前的晚会有个诗歌朗诵的节目，我把对她所有的好感都写成了一首诗，她并不知道。

因为要打印稿子，张倩主动和我说过三句话。

"好的！"

"有 word 版本吗？我担心排版不合适。"

"好的。"

但我终究还是一个容易留恋的人，表演结束的第二天去重庆主城区，张倩招呼我们上车之后挥手说保重，我无比失落。

我没有勇气，不敢表达对她的喜欢。但我知道，离开之后遥遥惦念，会让这份牵绊更为绵长。

我想告诉张倩，我喜欢你，尽管这听起来很荒谬。

人们吃喝玩乐，跋山涉水，我站在原地，我喜欢你。我喜欢你，像围绕在你身边的空气，像你健忘的回忆。

贪恋你眼中的星光，四目也不敢对望，只是偷偷地收藏。我想带你看五月的海，六月的霞光，七言八语再零碎，十指轻抚发尾。

可我只能眼睁睁看着自己离开你，却无能为力。

05

《山河故人》里说，每个人只能陪你走一段路，迟早是要分开的。

《后会无期》里说，每一次告别，最好用力一点。多说一句，可能是最后一句；多看一眼，可能是最后一眼。

《蓝莓之夜》里说，该怎么和你不想失去的人说再见？我没说再见，我什么都没说，就这么走了。

我们总会不经意想起那些在生命中画下浓墨重彩，或者只是惊鸿一瞥的人。美好的心境，像清晨的阳光，午后的清风，夜半朦胧的弯月亮。

拥抱忘记前途渺茫，提酒勿言过往悠长。越是经历黑夜，越懂得守望。拥炉看雪酒催人，回首无人可与话短长。

开始的时候轰轰烈烈，结束的时候无声无息。分别越是深刻，越是难以告别，遗憾不能彼此相伴走完这一辈子，也许最好的祝福就是，从此以后各安天涯，不准偷偷想念。

所以，真正难以割舍的时候，可能没有告别，什么都不做。

生生把彼此的羁绊从某处截断，然后交给时间愈合。

所有大张旗鼓的告别都是试探，真正的离开，往往是悄无声息的。

既然这样，就不告而别吧。心里带着来不及说出口的遗憾和歉意，远远逃去。

曾经通宵达旦卧谈挖的那些乱七八糟的"坑"，没机会填了。说好无论何地都要去参加的婚礼，诸事缠身去不了，等下次吧。

答应过喜欢的姑娘，不管她今后生活在天涯海角，有事找我，就会随叫随到，大概失约了。

还没去的北海、西藏、敦煌，可能没法和故友结伴前往了，大海、草原、沙漠和一个人的双人床，在哪里都是流浪。

只因人在风中，聚散不由你我。当你明白有些人和事就算念念不忘，也不会有回响的时候，唯一能做的就是——

告别的时候别挽留，孤独的时候别回头。

不介意孤独，比爱你舒服

01

刷朋友圈的时候，看到一条关于单身生活独白的短视频，被文案戳中了泪点。

难道我们不会因为太过享受单身了，自己一个太快活了，结果却错失了找到另一半真爱的机会？

有些人得花很久时间去慢慢学习才能安顿下来，有些人则完全拒绝安顿；有时候这不是统计学，而是两个人的化学反应；而有些时候，虽然关系结束了，但并不意味着爱也消散了。

单身的重点是，你最好珍惜这段时光。

我们不得不单身的原因有很多。

有的是心里装着一个不可能的人，拿不起也放不下。或者自己深爱着的那个人，并不是单身。

有的是太了解自己，觉得就我这样的人还是别坑别人了，还没找到自己，如何去找另一半？

有的是性格问题，虽然不至于不懂人际交往，但要和一个异性正常交流，确实力不从心。

更多的人，是因为自己太优秀，至今还不曾遇到一人，与他相对之欢愉，超出独处的乐趣，所以选择了单身。

02

我在大学期间读过一本心理学的书，里面讲到一个有趣的男女配对理论。

男人和女人都可以按品质分成 ABCD 共 4 个层级。A 男配 B 女、B 男配 C 女、C 男配 D 女，是最常见到的模式。

男人有控制倾向，一般不会主动去追求比自己优秀的女人，尤其是优秀的男人，更不屑于去讨好女人，为女人花费大把的心思。

这样剩下来的，就只有 A 女和 D 男。如果把 A 女比作鲜花，D 男就是牛粪。鲜花瞧不上牛粪，牛粪不敢碰鲜花，他们就都成了"剩男剩女"。

但是，D 男却有一个优势，就是无知者无畏，他肯放下尊严，什么都不考虑，对 A 女死缠烂打。面对甜言蜜语、百般柔情、体贴照顾，有的 A 女招架不住，反而被打动了。这也是生活中很多貌美能干的姑娘挑了一圈，最后嫁了一个老实人的原因。

而在最初的三种模式中，A 男配 B 女最容易分手。相处的过程，一直都是 A 男带节奏，一旦心灰意冷，恋爱得到的快乐不如独处，他会选择重新回到单身状态。A 男是完美主义者，不像 B 男、C 男，可以委屈自己将就过下去。

这样一套配对流程走完，最后剩下最多的是 A 男和 A 女，他们一开始没有考虑对方，后来也不会。

这个理论其实还是想说，真正敢于直面单身生活的人，都很优秀。

03

当然，学术理论这东西，有为了逻辑自洽而编造的内容，不能全信。毕竟爱情远比我们想象的复杂，也讲求天时、地利、人和。

男女都逃不过爱情，却也都怕自己的收入、家境、外貌、谈吐很一般。年轻的时候向喜欢的人表白，收到的全是好人卡，等把自己打磨好有了点人格魅力，却不知道该追求谁。

年纪越来越大，适龄的异性越来越少。年纪小的有代沟，年纪大的孩子已经能打酱油。因为有自知之明，自己从来没有耽误过任何一个人，却把自己耽误了。

单身太久，啃只鸡爪都像牵手，看袁春望（电视剧《延禧攻略》里的一个太监角色）都觉得眉清目秀，可还是没法和谁开个好头。

找到一个合拍的人太难，能聊天聊到同一个点上又彼此喜欢，完全是种奢求。努力想要附和对方的话语，总归是累人累己，与其百般讨好，不如孤独终老。

单身久了，就不想谈恋爱，也不知道怎么谈。无法进入两个人的世界，不会去对谁嘘寒问暖，不知道怎样与人保持适当的距离。联系多了怕腻，联系少了怕淡，结果就是谁都没有联系。

撒旦总是觉着，世间一切都容易因它的魔爪堕落腐化，每个人都是软弱不堪的。一个人挨打会痛，两个人反而成了英雄，走漫长的人生路，当然结伴而行会更好。

但是，总有个别人不太一样，他们比自己想象的要坚强。孤独对他们来说，不论是孤芳自赏还是虽败犹荣，都能甘之如饴。

似此星辰非昨夜，为谁风露立中宵？

04

林夕写给陈小春的《献世》有一句歌词：不介意孤独，比爱你舒服。

意思就是，宁愿一个人过，也不要去爱一个人，因为爱他就是赋予他伤害你的权利，还不如一个人来得自在。

跌跌撞撞走到今天，我们遇见一些人，又错过一些人，在几个人身上受伤，也因几个人披上铠甲，最后才发现，只有自己才能护得了自己周全。

过了耳听爱情的年纪，就别想着去取悦别人了，和谁在一起舒服就和谁在一起。别说恋人，就算是朋友，累了也可以躲远一点。

能人我心者，我待以君王，不人我心者，我不屑敷衍。宁可孤独，也不违心，宁可抱憾，也不将就。

单身是你最好的增值期，把孤独的时光拿来建造一座内心丰满的城，才会有另一个陈小春对你唱："你该被抱紧，有风我来顶。"

你不能是一只橙子，榨干了汁就被扔掉。你要像一棵树一样活着，春华秋实，枝繁叶茂。

孤独不可怕，可怕的是失去自我

01

从小到大，我都是属于性格比较内向的人，小学的时候因为家里穷，穿的裤子的裆部总是缝了又补，常常被其他同学嘲笑欺负。

起初我还算蛮实，别人欺负我尚能还手。四年级的时候生了一场大病，人变得日渐消瘦，很久不长个，同学再打我的时候，只能挠他们一脸，或者抱着头等他们打个够，再被孤立。

初中阶段，因为在"小水塘"里竞争，成绩还算拔尖，老师会施与一些保护。进入高中，学习成绩开始下降，在班上找不到存在感，性格日益封闭，也越来越意识到自己和他人的不同。

我一直试图衡量人与人之间，人与集体之间的鸿沟，做着一些无谓的努力。为什么别人聪明而开朗，我却愚笨而多愁善感？

一次开家长会，父母都在外地，有个家长坐了我的位置，我一个人站在教室的最后面。老师要求写的感谢信我没写，因为我知道用不着，父母听不到。

那天恰好是端午节，所有的同学都在吃着父母带的美食，喝着父母煲的汤，只有我，拿一瓶矿泉水，还装成很渴的样子。散场后我独自走在路上，脑袋像火烧，生病了。

我拖着疲惫的身躯，用比平时多三倍的力气回到家里，衣服也没脱就上床睡了。一个小时后，做了一个噩梦惊醒，发觉真的是病得不轻，必须上医院。摸摸口袋，一分钱也没有，只好跟小卖部的大婶借。

四十多摄氏度的高烧，万幸没烧坏脑子，在床上躺了整整一个阳光明媚的下午，同学们都在和父母吃饭谈心，陪伴我的只有被汗浸湿了的枕头。

那是很深刻的一次孤独体验。

02

后来读了大学，我虽然懂得了一些人情世故，但还是无法和其他人愉快地在一起玩耍。

性格依旧内向的我，明明学的是数学专业，却喜欢整天泡在图书馆，看几本无用的书，写一些晦涩的文字。

时间久了，因为我长期不参加宿舍喝酒、卧谈、看电影、打游戏等集体活动，遭到了众人的排挤。发展到后来，因为评选助学金被小人挑拨离间，整个宿舍的人都在孤立我。

那大概是我从小到大最痛苦艰难的一段时光，压力和孤独像旋涡一样把我侵蚀，每天似乎不大哭一场都撑不下去。我尝试去看一些哲学著作，尝试做各种心理建设。

我也是在那段时间最能清晰地感知孤独，不论会不会去积极改变生活，至少说明自己是一个对人生定位和生活品位有较高要求的人，也不失为人生积极向上的动力所在。

我花了很长时间和自己讲和，与其悲观地痛苦，不如乐观地接受："你还这么年轻，以后一切都会好起来的。"

其实，随着年龄的增长，你会越来越分不清"小题大做"和"的确有些严重"的界限。嘴上逞强的人，最怕听到来自他人突然的关心。

你越来越在意别人的评价，强行忽略自己的感受，习惯坚强隐忍，喜欢抢在别人前面说出"真没什么大不了的，放心吧"这类的话语。

你渴望温暖，又深知其短暂，习惯了不公开显露脆弱，怕人担心，怕人嘲笑，也怕伸出双臂没有拥抱。

03

根据个人经验，大多数"单身狗"过的日常生活应该也差不多：每天起床孤独地刷牙洗脸赶地铁上班；不抽烟不喝酒不八卦，和同事之间也没有什么话；晚上没人约出去玩，只能早早回到出租屋。

他们吃个自助餐都不敢上厕所，一个人旅行拍不了全身照，手拖拉杆箱适逢拉肚子，找不到人帮忙看行李。就算是玩两把《王者荣耀》，没有同伴只能选单排，因为没钱买皮肤，在队伍里也显得孤独。

游戏本来是他们与这个社会中的"他人"进行少许"交流"的唯一方式，其他人居然以为他们是猪，是在用遥控器打游戏。

所谓孤独，就是你发出的声音别人听不见。谁都走不进你的心，你也走不进别人的心，你穿着铠甲和别人拥抱，再使劲都感觉不到温暖。

孤独其实很广阔，有的人独处的时候会感到孤独，那是一种想要倾诉表达、获求保护，却没有途径得到的压迫感；有的人在人声鼎沸的舞池、酒吧等场所会感到孤独，那是一种迫切想要融入，却又显得格格不入的挫败感；有的人会因为看到美好的事或物，将自己代入后引发遐想，从而觉得自己很孤独。

一千个人心中有一千个哈姆雷特，其实孤独也是一样的，每个人感受到孤独的方式都不尽相同，但又都殊途同归。

04

张楚说孤独的人是可耻的，我却觉得孤独的人只是身不由己。

有件事情要发生，关乎抉择，又或者生死，你不忍告诉父母，不想告诉朋友，心里七上八下，却不能说。

不能在朋友圈说，不能在微博上说，想对着网络尽头的陌生人，假装编故事一样说出心里的慌乱，发现还是无法说。甚至不想和老天说，不想和自己说。

你给自己的心门上了反锁，拒绝了一切的关心与被关心的可能性，对这个世界充满怀疑，为自己的无能感到愤怒和失落。

因为孤独，有时会突然产生背上背包远走的冲动，去一个向往已久的地方，丽江、凤凰、西塘，或者某个从未听说过的陌生之地。

有时站在地铁站台等待列车进站，会觉得时光大好，你却这样孤独地老去，平淡而枯燥的生活，让人生出很多无奈和唏嘘。

一成不变的生活，继续在你的叹息声中奔走，你还是无数次鼓足勇气，举起拳头，击碎弥漫其间沉闷凝滞的空气。

因为你内心明白，孤独不可怕，可怕的是失去自我。

怕被人看穿，朋友圈"仅三天可见"

01

微信之父张小龙在 2019 的年度演讲里，讲到朋友圈的部分，提了一个让人吃惊的数据：有超过 1 亿人，设置了朋友圈"仅三天可见"。

按理说，现代人都很懒，这个"隐私"功能需要点很多步骤才能设置，应该很少有人会用。但数据背后的真相，不得不让人感叹，原来这么多人都在负重前行。

不知道从什么时候开始，我们在朋友圈说的都是假话，微博上才是真话。我们总是在朋友圈积极向上，却在微博上又"佛"又"丧"。

朋友圈发出来的内容，大部分都是经过美化和包装的，有少许作秀和炫耀的成分。随着年龄的增长和心性的稳定，大家越来越抵触展示自己，发朋友圈的频次也降低了很多。

至于发了朋友圈，又设置三天可见的人们，也都有各种各样的理由，有人可能觉得自己过去的黑历史太多，有人不希望他人过多地介入自己的生活，有人只是想让自己看起来更有神秘感……

成年人活得太累了，矫情不能表达，愤怒不能表达，负能量不能表达，深夜宣泄情绪的朋友圈，还得早起删掉。

02

有人说，朋友圈就是一张名片，刚加了好友不要马上去聊天，要给彼此时间去翻朋友圈，也许翻完就不想聊了。

我很赞同这种说法，喜欢删朋友圈或更改朋友圈权限，终归是心性未定，活得太胆怯了。以至于活在了别人的世界里，发动态只是想着怎么令人满意，而不是记录生活或者取悦自己。

也有人说，既然不喜欢让别人看到你的朋友圈，没必要设置三天可见，应该设置仅自己可见。

其实不一样，记录或者拍摄本身，并不是你真正的需求，往往是有了微信之后，因为要分享给别人，你才会记录或拍摄。就像写作，本身是一门孤独的手艺，但意义却是分享。

不可否认，很多人在发朋友圈的时候，往往会斟酌很久，甚至同一件事情发两条动态，一条在朋友圈里说着感恩与喜悦，一条在微博里哭着劳累和心塞。但没有办法，分享是你的需求，只是考虑到朋友圈是大家的，得有所顾忌而已。

有的人朋友圈很干净，喜欢回过头来删掉以前发的内容，其实这样一点也不酷。真正酷的人，活在当下看向未来，根本不在乎过去发生了什么。

没用的链接，过时的段子，爱过的人，都是自己存在过的痕迹。真正的放下不是绝口不提，而是在回忆涌上心头的某一天，可以躺在摇椅上，笑着对身边的老太婆讲讲。

我的QQ自2008年使用至今，截至目前共5191条说说，记录着我这些年成长的心路历程。我一条都舍不得删，因为当我老了，肯定要靠这些回忆度日。但要是全部展示，少年时代的"中二无闻"，确实太"辣"眼睛了。

如果可以设置三天可见，就可以给自己设置一个期限，忘掉某个瞬间比较蠢的自己，心安理得地待在自己营造的保护壳里。

03

生而为人，我们与生俱来就是孤独的，所以需要交朋结友。

曾几何时，我也是个喜欢热闹的人，对生活有着巨大的兴趣和胃口，热衷于结交各式各样的朋友。为了获得更多人的注意和喜欢，我做了很多努力。

念小学的时候，偶然发现班上的同学喜欢听鬼故事，便每晚缠着爷爷奶奶给我讲，第二天再绘声绘色地讲给他们听。我的故事越来越受欢迎，可是我越来越害怕，整夜不敢睡，总觉得床底下躺着一具尸体。

中学阶段，我为了合群，在学校停电没上成晚自习的时候，总要跟着几个同学一起去网吧。他们喜欢玩 CS，我没兴趣，就在一旁写 QQ 日志。最好的朋友就在身边，即便不说话也会觉得莫名有安全感。

上大学之后，为了融入集体，便加入寝室卧谈会聊关于女人的话题，围在一台电脑旁看小黄片，一开始很抗拒，后来"真香"。我从来不会一个人去食堂吃饭，那样会让我没办法把注意力放在食物上，总觉得旁人都在用异样的眼光看我。

有一次去上课，走得太急了把衣服穿反了，后面的位置被占满了只能坐前排，发现的时候惶恐不安，只希望能早点下课赶紧逃离教室。可当我出门的一刹那才发现，根本没人注意到我。

也是那一刻才明白，原来这么多年来我拼命想跟人结伴，只是因为自卑，没有安全感。我试图呼朋唤友，哪怕结交一群泛泛之交，也要把自己安全地藏进人群里。可是我忘了，根本没有人在看我。

参加工作后，我一个人住，一个人吃饭，一个人旅行，一个人看自己喜欢的冷门电影，才发现可以享受盛大的自由，真的比违背本心挤进熙熙攘攘的人群还要舒服。

相比活在别人的"视奸"之下，三天可见的朋友圈，能够最大限度地让你的自尊心不受伤害，残酷的真相却是，你不想看起来那么孤独。

但我还是希望你能懂得关注自己、照顾自己、讨好自己，不要为了所谓的安全感而陪在别人身旁，走更泥泞的路。

04

在我的朋友圈，有一个女生，总是喜欢把生活里的大事小情全都发出来，把喜怒哀乐赤裸裸地与人分享。要不是她长得确实好看，可能就会成为令人讨厌的话唠和"刷屏党"。

新年第一条朋友圈，她写的是：走过的路越多，越喜欢宅着；认识的人越多，越喜欢孩子。

直到今天，她也没有更新过朋友圈，也不知道在什么时候设置了"三天可见"。

大概每个人，都或多或少经历过这个阶段，看到什么好玩的、好笑的，发朋友圈，迫不及待地希望有人评论有人点赞；碰到什么不开心的、烦闷的，发朋友圈，极度渴望有人聆听有人安慰。

你是那么迫切地期待得到反馈，哪怕是一个点赞，一个"抱抱"的表情也好。只要有回应，你就能找到存在的意义。

然而，当你日渐成熟，却发现人生路步步艰难，努力过后理想都化为了泡影，人心隔肚皮，只有永恒的利益没有真正的朋友。

当真心被一次次愚弄，所谓的人与人之间最清纯的那份企盼都变成了套路，只有涉世不深的孩童最天真无邪。

每日为了生活奔波劳碌，你就会发现很多游戏，只适合单身的人去玩，很多心情，忙起来就再也没有机会体会了。

总有一天，遇到开心的事情你不会迫不及待地昭告天下，有了悲伤的心情，也不再急不可耐地发朋友圈。

因为，那颗待你始终真诚的心，那个愿意和你分享心事的人，就在你身边。

每一座孤岛，都被深海拥抱

01

我拍婚纱照的那段时间，舌头长了一个泡，吃东西疼，咽口水疼，连说话都不利索。

原本想向未过门的媳妇撒个娇，她却只是重复着一句"多喝水"。

也许这就是做直男的报应，当年对别的姑娘的不解风情，总有一个人加倍还给你。

还记得刚参加工作的时候，和一个女孩暧昧过一段时间。有一次她约我喝酒，喝到她路都走不稳了才散场。

那时候我代步的交通工具还是一辆自行车，90多斤的我搬不动100多斤的她，费了很大的劲才扶她坐在自行车上，一路把她推回家。

到家了，她在卫生间吐了一会儿，我给她泡蜂蜜水解酒，她几次想要靠近我，我因为紧张害怕，推开了。

眼看夜也深，她也半醉半醒，我准备骑车回家，她说："我家今晚没人，你一个人骑车不安全，可以睡沙发。"

我笑笑说："不安全？你是怀疑我骑车的技术吗？"

话音未落，我左脚踩踏板，右腿抬腿上车，不足半小时就到家了。

她因为失恋而买醉，除了劝她"多喝水"，我不想乘人之危。

02

美国著名医学博士巴特曼写的《水是最好的药》是本好书，通篇讲的主题便是"要多喝水"，其中有句话使我感触很深："你没有病，你只是渴了。"

很多令人疑惑的事，在这句话里解开谜团。

比如，一个人的血压有些高，他焦虑之余，想了很多法子，均不见明显的效果。后来，他把生活习惯改了，血压却低下来了，一点也不高。解决问题的关键在于：他有了喝水的习惯。

喝水了，血液就被稀释了，血压就低了，多么简单的事。可是太多的人不明白，瞎折腾着，以致最终真的得了恶病，这是多么令人遗憾。

人为什么会渴了没有知觉？其实这是进化过程中造成的缺陷。

人生命的进化历程，始终存在缺乏食物的危机，因为亲近自然，缺水的问题却很少。这就造成人体的机能偏向于对有机食品的摄取，而疏于对水的摄取。这样，人看见食物就自然产生占有、吞食的欲望，至于身体有了轻度的缺水问题，却没有明显的感觉。甚至，有时人只是渴了，生理的欲望却是饿感。

人的情绪也是这样，很多时候，我因为一些事长夜无眠，百思不得其解，甚至陷入不可自拔的泥沼。其实，最管用的疗法也是最简单的，就是给自己的情绪喝点水，稀释一下。

幸福是一个复杂的心理感受过程，你孜孜追求苦苦寻觅时，她总姗姗来迟甚至永不会至；你"降低"标准轻松前行随遇而安时，她却总是飘然而来甚至盈盈满怀。

03

人的欲望是无止境的，无论官途或是钱途，都会这山望着那山高，好了还求更好，多了还求更多。知足的人，即使睡在地上，仍然安宁快乐；不知足的人，即使活在天堂，依然挑肥拣瘦。

富豪大款开着奔驰宝马行驶在车流拥挤的城市街道，常常因为车辆堵塞捶胸顿足，甚至恼羞成怒；平民百姓蹬着自行车穿梭于城市的大街小巷，常常是一边看景一边哼歌，安然闲逸自逍遥。

日进斗金的大老板，常常因为少赚一笔钱耿耿于怀，茶不思饭不想；只能养家糊口的小商贩，因为多挣几块钱便心满意足，馍也香水也甜；城市显贵开着空调嘴里仍骂着天，乡间村夫以树为荫轻摇芭蕉扇；企业老总下榻五星级酒店仍不幸染疾，农民工兄弟头枕砖块也能睡得鼾声如雷……

如此这般，究竟谁幸福？

陪家人看《香蜜沉沉烬如霜》，被润玉这个角色圈粉了，他真实、复杂又立体，阴暗的一面也挡不住闪光点。

为救洞庭湖三万多名的水族，他自愿承受三万道天雷极刑，侥幸不死也领了半盒盒饭。大婚之日，兵变夺位，他就是一个抱着赴死之心扭转乾坤的孤胆英雄。

他不惜耗损一半的天命寿元，使用禁术救锦觅后，虚弱得连勺子都拿不动了，也要去忘川迎战，他说："我既要了天帝这个位子，就要承担这份责任。"

天魔大战后，他被穷奇之力反噬，走火入魔，狼狈不堪。旭凤把赤霄剑架在他脖子上时，他的神情仍是高傲而又倔强的，他说："弑父篡位，幽禁天后，至今不悔。"

然而，他拥有了一切，却还是求而不得，与天帝的位置相比，他更想要的是锦觅的爱。

锦觅是他被嫌弃的一生里唯一的一道白月光，"无妨爱我薄凉，但求爱我长久"。他对于锦觅的爱到最后基本都畸形了，不求她爱他，不管她是否真的开心，只求她在他身边。

直至锦觅死了，润玉才追悔莫及，若是能不那么偏执，早一点放手，珍惜眼前人，未必不会幸福。

04

所有世俗里的爱情，不是"早点睡"就是"多喝水"，还有句废话"我爱你"。

假如生命能够周而复始，假如每个人都可以尝试一切生活方式，一次或多次没按自己的想法活着又算得了什么。无论最后我们疏远成什么样子，以前对你的好都是真的，对你说过的话都是发自内心的。

遗憾的是，有一个终点，再没了起点，这就是生命。人生百年，不过如此，沧海桑田，寥寥之间。

世界有很多事，在今天发生着，还有很多事在今天之前已经发生过，也会有很多事在今天之后即将发生。关乎自己的不关乎自己的，令人欣慰的让人心寒的，都在一如既往地上演，都会一如既往地过去。

一切都是风景，看过了也就看过了，参与了也就参与了，喜怒哀乐，爱恨情仇，来去自如，了无痕迹。

愿你能在人潮涌动的街头，与命中注定要陪你白头的人撞个满怀，而我能饮下烈酒，也能熬过没有你的深秋。

每一颗星星，都和银河相交，每一座孤岛，都被深海拥抱。我热爱这虐我千百遍的生活，明天依然可以引吭高歌，放声大笑。

第三部分

生活不易
我更喜欢风雨中前行的自己

火苗再小，也要反复点燃

01

和多年未见的老朋友聊天，心里盼望着，他能说出点不开心的事，让我开心一下。

没想到被他泼了一盆冷水："我早就触底反弹了，现在有车有房，饭在锅里人在床上，美着呢。"

我说："我最近真的太惨了，你说说看，要什么时候才能触底反弹？"

他说："早着呢，你的悲惨还没到底。"

谁能想到，这个现在表面上是风风光光的编剧，以前却叫"二狗"。

02

在我的印象中，二狗家的房子整个村子也找不出几间，外墙壁是用黏土筑的，屋顶是用茅草盖的，隔断是用牛粪粉刷的篱笆做的，煤火就烧在家里。

二狗爷爷奶奶走得早，他是留守儿童中没人照管那一类，因为又脏又臭，没人和他玩。要不是他妈捡废品捡了一台玩俄罗斯方块的游戏机，我也不会假装和他做朋友。

有一次，他妈买了两斤肥肉炼猪油，他约我去家里吃油渣，可是肉太肥，翻了几圈也没找到瘦的。

就在几乎要放弃的时候，我眼尖看到一块，生怕他和我抢，赶紧用手捉了放在嘴里。嚼碎了才发现，原来是从墙壁掉落下来的风干了的牛粪。

二狗的父亲在他十岁的时候去世了。梅雨季节去私人开采的小煤洞捡人家不要的煤块，结果煤洞垮塌，刨了几天才找到尸首。

那一个月几乎每天都在下雨，二狗向我们炫耀，等他爹回家过年会给他买一把玩具枪，以前欺负过他的人他都不给玩。

他爹死了，自己去偷煤发生事故，没得到赔偿。

03

后来，二狗家"闹鬼"了，夜深人静的时候石磨会自己动，发出声响，村里人过路都绕开走。他家变成了"凶宅"，变成了陆地上的一座孤岛。

不过听二狗说，他爹走后，他妈整夜抱着他哭，待他睡着，又半夜起来推磨，把二狗的口粮准备好，再背个背篓翻山越岭赶去城里捡废品。

二狗说，其实他是装睡的，这样他妈才会卸下早已溃烂的铠甲伪装，轻轻关上门哭一会儿。推磨也不开灯，在半夜离开的时候给他一个吻。

他怕妈妈改嫁，总是抱着她说一些笨拙的话。他很小就学会如何安慰别人，想方设法把妈妈逗笑了，心里才能得到一刻的踏实。

小小年纪，二狗就对别人的情绪有很强的感知力，别人一个语调里的情绪变化，一个眼神，一个动作，甚至无言时的气场，他都能读出对方的心思。

于是，他小心翼翼地迎合别人，生怕是自己做错了什么惹得他们不高兴，就这样，他极度敏感而自卑地过完了本该无忧无虑的童年。

唯一能让他开心的，是躲在别人家门外，从门缝里看连续剧：吕奉先一身猩红铁甲长风，赵子龙白马银枪威风凛凛，白眉大侠除暴安良替天行道，甘十九妹一见钟情尹剑平……

梦里，那些侠客会攥着他稚嫩的小手举起高喊："以后你就是我的徒弟了，看谁敢欺负你！"

04

小学五年级跳级考初中，我离开了有二狗的村子。五年后重逢，我高二，他高一。

因为我们都喜欢看课外书籍，所以真正成为好朋友。像当年玩俄罗斯方块一样，分享着彼此阅读的心得。

物理课上读完东野圭吾笔下的枪虾和虾虎鱼的故事。雪穗说："我不认识这个人。"然后她一步一步上楼，像一个精致的木偶，太阳都熄灭了。

田不易死在鬼厉怀中，鬼厉说："我少年时，家破人亡，是师父他带我回了大竹峰，教我养我，他老人家的恩情，我一辈子也还不了。"

陆雪琪想要伸手去扶他，却僵在半空中。十多年的光阴，这个男子的耳鬓似乎也有了白发，想必这些年，他过得也不好吧？

我和二狗约定，我们要一起写一部小说，卖给别人拍电影。然而人物设定还没写完，他就病倒了，而且是那种每时每刻都会折磨他，很难保持心态不扭曲的病。

他的病友，好多都因为崩溃而试图自杀，他妈每天守着他，就怕他想不开，他却劝别人说："如果你死了，不就输给这个烂人间了吗？"

17岁的二狗得了抑郁症，让我无法相信。他可是要写书，要交女朋友，要骑着快艇追鲨鱼的人，怎么就抑郁了，不是说只是神经衰弱吗？

我看着二狗快要出血的眼睛，眼泪一颗颗砸在地上："老天爷，你瞎了吗？为什么是他？他就想做个健健康康的普通人，已经活得这么努力了！"

二狗说："男人可以惨，但绝不能哭。别问了，就是我，遇事就得认，挨打要站稳。"

05

一转眼过去了好多年，二狗始终没有放弃他的写作梦。

如今他已是一名编剧，虽然还名不见经传，仍在努力着，假以时日一定能写出叫好又卖座的剧本。

前几天，二狗所在的编剧工作室来了个年轻人，因为创作不顺，一怒之下摔了鼠标，还用硬物砸自己的头。

他找二狗诉苦，说："我觉得自己已经没有灵气了，写得垃圾，完全'丧'到家了，天天抽烟喝酒，交不上房租，还得还信用卡，我想转行了。"

二狗说："你要再逼自己一把，也许过程很痛苦，但不能放弃。我也曾和你一样，要强、倔强、沉郁、不服输，可人需要向外拥抱，向内和解。"

二狗说："绝境里自怨自艾毫无意义，你得抓住点什么，然后一点一点抠着指甲往上爬，再痛苦的经历，熬过去了，都是你以后成事的资本。"

那个年轻人无法得知，二狗当年因病休学一年，做了很久的心理建设才重新拾起书本参加高考，红了眼、铆足劲，以为勇者必胜。

可惜，励志故事从来不会发生在普通人的身上，他走了好多弯路才专升本成功。

06

离开村子去城里念书的时候，我和二狗有过一次告别的交谈，我问他长大以后想做什么。

他的答案是：要去看云顶的大山，触摸极夜和极寒；要有强壮的身体善良的心肠，第一个扶老奶奶过马路；要对丑恶说不，对黑暗说滚，对坏人说老子见你一次打你一次。

我多次幻想自己已经垂垂暮矣，二狗就坐在我旁边。我们煮往事烹茶，拿曾经下酒，他已经走完九九八十一难，打倒鬼怪妖魔，江湖早已留下了他的传说。

最后却发现，他也手无寸铁，被现实虐得体无完肤。

可就算最后他一事无成，变成了一个油腻的路边吃烧烤的中年大叔，我还是可以骄傲地告诉路人，当年他很勇敢，击退了恶魔，救活了自己，做了喜欢的事。

无论你选择的人生是什么样的，都注定会受到它的反噬，可那是你自己选择的人生，就算打碎了也得自己一片片捡起再拼好。

火苗再小，也要反复点燃；年纪再大，也不能心灰意冷。

我更喜欢风雨中前行的自己

01

有一次出差，开三个多小时的高速才到达目的地，下车后微信上有很多未处理的消息，最紧急的是一个品牌的约稿，必须第二天交。

但是第二天的日程安排得满满当当，也顾不上吃晚饭，急急忙忙地开始写。

凌晨两点，饿到不行，用脑过度，还有点低血糖，随便点了一些炸鸡、汉堡、玉米棒和一瓶可乐，盼着写完的时候可以垫一下肚子。

外卖比预计的时间慢了 20 多分钟，提着一口气写稿并没有觉得饿，但是写完的时候特别想吃东西，有点生气。

外卖小哥气喘吁吁赶到，一直说抱歉，他经常走的一条路临时限制通行，绕路耽误了。我接过袋子检查订单，发现食物都在，唯独少了我最想喝的那瓶可乐。

迟到已经很过分了，还把我点的东西搞漏，不给他个差评，真的难平怒火。

但是想着凌晨三点他还在奔波，赚的都是辛苦的血汗钱。如果我投诉他，可能会让他一晚上都白干了，就动了恻隐之心不再追究。

就着酒店赠饮的矿泉水，我狼吞虎咽开始用餐，吃到一半手机响起，是那个外卖小哥。

他在半条街外的 24 小时便利店给我买了一瓶可乐，一直赔礼道歉，说是自己的疏忽。末了补了"一刀"："你也挺辛苦的，大半夜的还在加班。"

突然，我有一点低落，那种做了好事之后，胸前的红领巾更加鲜艳的感觉没有了。

我同情他靠出卖体力谋生，深夜送餐不容易，没再为难他。可在他看来，我何尝不是一个靠熬夜出卖脑力讨生活的苦命人。

生活不易，我们都是黑夜里不敢休息的平凡大多数。

02

几年前，一次体检的报告显示，我的甲状腺有一块阴影，我急急忙忙去复查。就在我去拿结果的那天，排在我前面的是一位年轻的父亲，30 岁左右。

"17 万，刷卡还是现金？"医护人员很机械地问道。

"刷卡。"他的情绪没有任何起伏。

随后走了出去，我看见他在楼道里打电话，脸对着墙，哽咽着说："治不好了，医生也没有办法，我不敢告诉她，孩子也保不住了。"

人来人往的医院里，他的声音，穿过嘈杂的人声，一遍遍回荡在我的脑海里，缥缈又无助，就像曾经的我一样，一时间泪流满面。

在长廊里一回头，突然发现医院大概是最忙的地方，有的人忙着生，有的人忙着死，有的人忙着生不如死，有的人忙着向死而生。

只能感叹，命不似飘风，而我们不如野鹿。

03

我一个人住过六年，第一次租房的地方，是一个破落的小院。

院里有一户人家，房产是年轻的时候打拼下来的，不过只有两个老人相依为命。

他们已经退休了，种花养草，遛狗喂鱼。天气好的时候，二老相约出门早锻炼，老奶奶跳广场舞，老爷爷打太极，生活过得很充实。

七月十五中元节，听到老奶奶在抽泣。才从房东那里得知，他们有一个儿子几年前出车祸去世了，媳妇带着孙女改嫁。还有一个女儿嫁得远，很少能回来看他们。

年近七旬失去爱子，心比黄连苦。

大概就是大年三十晚上，母亲做了儿子爱吃的红烧肉，老伴夹起一筷子，看看碗，又看看儿子的遗像，红了眼眶。

大概就是父亲换灯泡闪了腰，突然转头怪老伴没有掌好凳子，老伴故意岔开话题："你说，都好几年了，他是不是投胎去了？我很久都没有梦到他了。"

上穷碧落下黄泉，两处茫茫皆不见。人生很多不如意的瞬间，失去亲人的痛，最为摧心肝。

于是，我终于体会到鲁迅先生说的：楼下一个男人病得要死，那间壁的一家唱着留声机；对面是弄孩子，楼上有两人狂笑，还有打牌声；河中的船上，有女人哭着她死去的母亲。人类的悲欢并不相通，我只觉得他们吵闹。

生而为人，我很抱歉。与命运抗争的无力感，有时会让我们觉得自己最惨，而跟我们擦肩而过的路人，平静的面庞下又藏着怎样的故事？

04

我常常收到一些读者的倾诉，有很多太沉重。

他们最珍视的人，是送进 ICU 再也没有出来的父母，是车祸严重等不了救护车就离开的七尺男儿，是铁了心要离婚多一句挽留就发疯摔东西的负心汉。

大家一脚踏进人生路，孤独地承受着自己的命与痛，这条路甚至无人同行。熙攘人群不为友伴，万千人面只做画展。即使是躺在同一张床上的人，也做着各异的梦。

没有人懂得你千疮百孔的心，没有人知道你辗转反侧的夜，更没有人了解你患得患失的爱。个体的苦痛和心酸，绝望以及挣扎，犹如投海之石。

不过知道这些的时候，我没有对生活感到绝望，反而和自己身上的创伤和解。因为世人皆苦，能够活着，就是幸运，只要命在，就有盼头。

我更喜欢风雨中前行的自己，更喜欢黑暗中坚持的自己。命运无法让我跪地求饶，除非我主动倒下。

没有一个冬天不可逾越，没有一个春天不会来临。唯愿我们的期许和梦想，都能在这冷暖交替的人世栖息生长。

人世艰难，偏要活得好看。

生活不易，每个人都是负重前行

01

网络上有一条视频，隔着屏幕都让人心疼。

有个小伙子，骑车逆行被抓，刚开始的时候还很平静，打电话告诉女友自己被抓了，让她先等着。挂断电话小伙子却情绪失控，扣车罚款无所谓，手机身份证也不要了，哭着跑到了旁边的桥上。

执法的交警怕他情绪激动做出轻生的举动，跟着跑过去，把他拉了下来。

小伙子嘶吼了一番又接着哭，说自己压力好大，每天加班到十一二点，女朋友回家没带钥匙让他送钥匙，两边都在催才逆行的。

交警很暖心地安慰他："你发泄一下也可以的，我们可以在这里守着你。"

小伙子就这样蹲在地上抱头痛哭了几分钟，然后向交警道歉：

"你们去工作吧，我对不起你们，我真的是自己要发泄一下，我太烦了。"

交警说："哭一下也不丢脸，发泄完了自己再擦干眼泪重新去生活，大家都一样，都是负重前行。"

几分钟的视频，把我也看哭了。交警的处理方式很暖心，小伙子人也好，温柔地和女友通完电话，才开始崩溃。

02

其实，无论是逆行被抓，还是给女朋友送钥匙，都只是小事。偶尔的一次爆发，是经年累月的积压，他只是压力太大了。

成年人的世界真的很不容易，压死骆驼的从来都不是最后一根稻草，看他人的故事，流自己的眼泪，被生活折磨着的每一个人，难免都会有这样的时刻。

相比之下，他也算幸福的了，至少还有女朋友，累了哭一场，也许不用借助药物也能睡个好觉。

还有一些人，背后空无一人，不敢倒下，只能硬撑。

去年的某一天，我吃午饭的时候已经是一点半。一碗饭没吃完，感觉眼前黑了一下，同桌吃饭的人看起来完全模糊，天花板在不停地转啊转。

一个同事把我送回住处，扶着楼梯扶手爬完11楼，开门直接躺到床上。距离上课还有40分钟，心存侥幸地想着，睡半个小时就好了。

还没有睡着，闹钟就响了，强撑着走到教室，开始讲《伸缩变换与极坐标系》。

其间有好几次中途停顿后，思维就续不上了，讲完一个内容，连擦黑板的力气都没有。头部伴随着一阵阵刺痛，课讲得略感恶心，直冒冷汗。

临近下课十分钟，我已经完全站不住，搬来一张凳子坐着，继续写板书。用强大的意志力提醒自己，不能倒，倒在教室很丢脸。

03

下课后匆匆回到办公室，按压几下虎口。同事说我脸色发白，让我赶紧去看看。原本还有另外两个班的两节课，也顾不上了，电话里简单交代了一下，就开车直奔医院。

开车在路上的时候，眼睛完全是看不清的，但是意识高度清醒，仿佛还有另一个自己在旁边提醒："你的身边没有一个人，不能剐蹭，不能追尾。"

大概有那么几秒，就在红灯倒计时的时候，我感觉自己无助而脆弱。

仿佛是只身面对世界，拥有着一种绝对的真实和纯粹。一个人绝缘于身边的人和物，就像活在另外的一个维度。

我曾一度以为，自己可以独撑一切。因为人生也没有经历过什么黑暗，所以什么都不怕。

只要向着有光的地方一路前进就好了；只要向着应许之地一路跋涉就好了；只要不断地努力、再努力，拼尽全力去奔跑就好了。

我从来不怕跌倒，也不怕受伤，就算不小心栽了跟头，也会衔着一口泥巴站起来，因为爬不起来的人，都是弱者，都是不经锤的"废柴"。

我曾认为，怜悯是最不值钱的东西，弱者才会流泪，弱者才需要同情和拥抱，弱者才会将自己的失败与没用推脱到其他事物身上。

一路跋山涉水，我路过很多人，他们面容模糊，怎么都跑不快。有的甚至还停下脚步，默默哭泣。明知道自己不行，还叽叽歪歪什么劲，还不快点滚去努力，你看看其他人都爬到多高了？

张三在阿尔卑斯山顶，李四在珠穆朗玛峰顶，你爬一个区区凤凰山都气喘吁吁，你知道那些出身好还努力的人，已经站到多高的地方了吗？

04

然而，要看到一个人的真实，不是在他努力奔跑的时候，而是在他摔跤流泪的时候。

"冷漠的人，得在狠下心前先对自己残忍"，脆弱就是伤疤揭开的一瞬间，让强者逆回真实的陷落。

你越接近一个人的脆弱，就说明你离这个人越近。我们拼了老命把自己弄得全副武装刀枪不入，甚至还要上天入地无所不能，就是为了好好守护自己的那份脆弱，直到那个命中注定要接受这份脆弱的人出现。

私以为，人在脆弱的时候才能感受到爱，一个人最脆弱的一面，往往是他最真实的一面。

婴儿一生下来就会哭，说明人的初始形态便是脆弱的。是社会这个熔炉，让人渐渐学会更好地伪装自己的脆弱，我们把这种行为谓之坚强。

终于，我们习惯于用坚强来使自己免受伤害，用不近人情的冷漠和事不关己的世故筑成厚厚的壁垒，保护起那个脆弱的婴儿。这时，我们谓之成长。

然而，这层壁垒在免疫损害的同时，也免疫了爱。

当一个人只是精心构筑外面的壁垒，而无心关照里面的婴儿时，会发生一件可怕的事——壁垒越来越厚，婴儿的生命力却越来越弱。

直到有一天，壁垒变得坚不可摧，那个婴儿却再也找不到了。

撑不下去的时候哭一场，真的没有什么丢脸的，好好爱自己，去吃一顿好吃的，先把烦心事放到一边，调整一下再出发。

05

我有一个朋友，历悲欢离合万千，阅人情冷暖无数。最终，没有什么再能伤害到他了。

我问他："这一生最开心的事是什么？"

他毫不迟疑地说："生活太苦了，每个人都是负重前行，每一个醒得来的早晨都值得开心。"

再问："最难过的事情呢？"

他怔住了，片刻之后，双眼空洞地望着地面，说道："再也没什么事，能让我哭了……"

我的那个朋友，就是在我得了伤寒，在我眼前一片模糊的时候，提醒我开车慢一点的另一个自己。

《头脑特工队》里，代表了悲伤的蓝色小人说："人不能一直匆忙地赶路，悲伤的时候就需要休息，而泪水能使人停下来。"

深以为然。但是很多人就算跌倒了，也不会停下来，最多是拍拍身上的尘土，重新站起来，怕追不上别人，加快速度跑。

因为他们知道，成人的世界里，从来就没有容易二字，每个光鲜亮丽的身影，背后都有一个咬紧牙关的灵魂。

成年人的生活，连崩溃都很小声

01

2019 年 4 月 17 日深夜，南京地铁新街口站，民警发现有一男子喝醉了倒在地上，上前询问情况。

男子连连道歉："我跟我老婆讲过了，她会来接我的，对不起，打扰你们了。"

民警说："没事没事，为了生活大家都不容易。"

民警将他扶起，让他坐在地上，还给他买了一瓶水，让他先喝一点。

据了解，该名男子是名"95 后"，做销售的，为了客户能顺利签单，陪客户喝了很多酒。

几分钟后，男子的妻子匆匆赶来，他才开始小声哭泣："宝宝，对不起，我真没用。"

男子与妻子的拥抱，一瞬间戳中泪点。

酒品见人品，虽然喝醉了，但他没有撒酒疯。起初估计是想自己还能回家，舍不得打车，选择乘地铁。

只是因为酒真的喝多了，才倒在地铁站。

看得出来他对老婆也很温柔，觉得给老婆添麻烦了，才哭着说"我觉得我没用"。那一声"宝宝"喊出来，真的好令人心疼。

这就是成年人的生活，再苦再累只能硬撑，连崩溃都很小声。

怪不得张爱玲会说，中年以后的男人，时常会觉得孤独，因为他一睁开眼睛，周围都是要依靠他的人，却没有他可以依靠的人。

其实，在这个时代，男女都一样，随着年龄的增长，大多数人都会有类似的辛酸与无奈。一路摸爬滚打，到头来微薄功德难平当年鸿鹄志。

仿佛身边所有的人都在前进，而你却年年原地踏步一事无成。父母日渐斑白的头发，电话中偶发的叹息，都像一记记闷拳打在你身上。

工作日朝九晚五上下班，周末宅在家偶尔出去瞎转悠，就这样一周又一周，工作没了激情，生活没了新鲜，人生好像泛了黄发了霉。

大家已经没有勇气再去找寻诗和远方，总是在半推半就中妥协，并不断给自己灌鸡汤，用奋斗来包装苟且。

耳边好像响起声音："这是一个哭都不敢大声哭的人，只会把自己隐藏于黑夜，上帝除了笑也无奈。"

03

我有一个大学同学，运动型男生，有一天突然告诉我，他有个文件夹，里面放的全是我的文章。

高考失利后，他在大学一直消沉混光阴，学的是师范专业，毕业之后却从未想过当老师。第一份工作还不错，在一家小型的公司当项目经理。不过因为女朋友走了，没心思做下去。

后来他很倒霉，做了一年的搬运工，那期间完全的麻痹、挣扎，找不到存在的意义。

女朋友回来复合，没过多久再次分手，他拼命挽回，像疯了一样。

再后来，他出了车祸，回家疗养，家人心疼，为他的前程担忧，但也不敢说多余的话，只希望他能早点好起来。

他好不容易康复，岁月没有静好，现实发生海啸。

和父亲翻修老房子，房子垮了，父亲被木料盖住。送去医院，很多地方骨折，脸上缝了20多针，骨头都能清晰看见。他捂着父亲的伤口，开始的时候热血滚烫，后来全身冰凉。

一个人在医院护理，几天不能睡觉。那时候他很无助，也恨女朋友。

他说：

我就是在那段时间一篇又一篇看完你的文章的，你的很多文字印证了我的经历。后来还能感知幸福，我觉得就是一个过程。我记得你写过，究竟得花多少时间才能沉淀一颗简单的心，不误解，不抱怨？

李健的《假如爱有天意》，我整整听了一晚，从哭到释怀。哭是因为那是我和她都很喜欢的电影，有我们的故事。释怀了，是因为真的爱过。

现在我当了老师，我们班是所谓的调皮班级。分班的时候别人做了手脚，读书厉害的基本都被掉包了。不过现在他们也温暖了我，果子成熟了会给我带，过节了会送我礼物。

在微信上听他说着，我隔着屏幕笑了，我们都曾被命运放逐，总有一天要上岸。

04

苏东坡说："寄蜉蝣于天地，渺沧海之一粟。"彼时乌台诗案，被贬黄州，当晚他也不过是洗盏更酌，杯盘狼藉后挨到新的一天。

张嘉佳说："走过多少辜负，雨打芭蕉哭成狗，总有一个终点，满树花开是人间。"离婚后他烂醉如泥，胖成球，好在没有死。

古往今来都是这样，"熬"字底下四把火，却是什么都扑不灭的信念。

你曾痛苦过，曾落魄过，也曾沉迷在消极的情绪中不知归路，但你后来走出来了。

你曾以泪洗面，曾心如死灰，也曾悲痛欲绝，不要束缚自己，去宣泄、去放肆、去歇斯底里。只是，哭过之后就别再回头，别再扎进深海却埋怨别人不投以救生圈。

每个人都会有一些异常艰难的时光，生活的窘迫，工作的失意，学业的压力，爱得惶惶不可终日。挺过来的，人生就会豁然开朗；挺不过来的，时间也会教会你怎么与它们握手言和。

再清醒的夜，你也会睡着，哪怕只有几个钟头几分钟；再漫长的艰难，你也会度过，无论将来是否如你所愿。

前方光芒万丈，总有一天会抵达，如果快乐太难，就先祝你平安吧。

无人同行，一个人要像一支队伍

01

记得念小学时的一次春节，留守了近一年的我，终于有机会和父母坐在一起吃团圆饭。

席间闲谈，母亲说村子里来了个算命先生，算得特别准。

我睁大眼睛好奇地问："什么是算命，你们有给我算过命吗？"

父亲说："算过啊，你的命比我好多了，肩挑背扛的脏活累活在我这里终止，你肯定过得比我风光。"

虽然年纪尚小，但我还是听出了父亲的话里有刺，他是想刺痛我，他用辛劳给我打造一个不一样的起点，就是希望我凭努力拼搏一个不一样的终点。

关于儿时的记忆并不多，但那一次交谈，却在我心中埋下不认命的种子。我是穷人的后代，我要通过自己的努力改变命运，过上富足有尊严的生活，让父母不再受累。

也许，我们都是被命运捉弄的人。可能没有父母的庇佑；可能一生都在遭受不公平的待遇；可能弱小无知交过不少"智商税"；可能穷困潦倒，一波三折，卑微如蝼蚁……

命运好像完成出厂设置后，就不再管我们的呐喊与彷徨，可我们依旧有选择奋斗的权利，用什么样的模式去面对生活，全凭自己。

含着金汤匙出生的人毕竟是少数，平凡如你我的大多数人，都得思考"我要怎么养活自己，我要怎样让自己生活得更好"这个问题。在你找不到答案的时候，努力奋斗成了唯一的答案和途径。

勤奋，可能是这个世界上最被高估的美德。但是对于一个毫无天赋的人来说，可以依仗的就只有勤奋。

即便你拼尽全力还是追不上兔子，但你会是乌龟里跑得快的那一个。

02

在我上大学期间，面对一群人吃喝玩乐、吹牛攀比、睡觉打游戏的生活，我没有丝毫的犹豫，选择了不合群。

我一度很享受那种孤立无援、独来独往、屡遭排斥的生活。在那段岁月里，我沉浸在读那些晦涩的著作中，不会去为不合群找理由，不用尴尬于要和别人搭讪，也不会去在意别人的看法。

只要身边有一本书，就能打发时间，吸收能量。读书让我形成的思维模式和行为方式，潜移默化地滋润着我。进一寸有一寸的惊喜，我享受着只有少数人才能理解的那些幽默和那些"梗"。

别人有大宝刀，我只有一颗脑袋，一把宝刀只需要一块好的磨刀石，而一个好脑袋则需要很多知识。没有一张能依靠来吃饭的脸，起码还有个能变现的大脑。

在那些很少有人踏足的地方饥渴地汲取能量，或许已经变成了特立独行不接地气的怪人，可是那些不同于喝酒K歌的快乐，有些人也一生都无法懂得和体会。

那些无法安睡的日子，那些为了梦想而日复一日的拼搏的日子，都是孤独的。但是，孤独恰恰是成为优秀的必经之路。就算无法让优秀成为一种习惯，也得让努力成为一种习惯。

努力学习让我变得不再狭隘，让那颗充斥着暴力、偏见、愚昧无知的心灵，得到救赎。让我能够在狭小的天地里，窥得更大的世界。

因为努力学习，我找到了更好的工作，待在了自己想待的地方，有了钱和底气，让我在每一个想要对我指手画脚的人面前都挺直了腰杆。

03

心理学上有个词叫"习得性无助"，指的是因为重复的失败或惩罚而造成的听任摆布的行为，是一种对现实的无望和无可奈何的心理状态。

成功人士的努力是因为路径依赖，普通人的不努力便是习得性无助。成功与家境、运气有很大关系，但和努力的关系，反倒没有我们想象中那么大。

如果你努力一年，没有看到任何改变，可以再努力一年。但如果还是看不到希望，你就会觉得很倦怠，陷入一种在原地徒劳挣扎的状态。这是人类的真实习性，不会因喝多少碗鸡汤而改变。

在人的一生中，尤其是在年纪尚轻还一穷二白的日子里，我们大概都会有这样的时刻：周围的人已进入梦乡，而你却辗转反侧无法入睡。

可就算你拼尽了全力，生活的困境还是会逼迫你进入一个死胡同，怎么转也转不出地狱般的困窘；深爱的人结婚了，新郎（娘）却不是你；终于结束了爱情长跑，却发现从此王子与公主过上了幸福的生活只是个童话故事。

越是这种时候，你越要懂得安慰自己。

等次越高的钻石，其打磨过程耗时越久，磨砺让它拥有无法遮掩的动人闪亮。付出可能没有回报，但当收入与付出成正比且出奇地可观时，那种快乐无可比拟。

也许奋斗了一辈子也只在社会底层，也许咸鱼翻身了不过是一个翻了面的咸鱼，但至少他们有做梦的自尊，而不是丢下一句努力无用，便心安理得地生活下去。

我是一个自控能力特别差的人，假期熬夜打游戏到凌晨，第二天睡到中午才会起床；追剧要连续看完，懒得出门也不愿意点外卖，可以一天只吃一顿饭。

因为曾经堕落过，所以我比谁都清楚，这世界最后能依靠的只有自己。破罐破摔的结果就是变成胡子拉碴、一事无成的"废柴"，你还得和他相处一辈子。

这些年唯一坚持的一件事就是写作，倒也不是为了成为更好的自己，只是害怕那个黑暗的自己把我吞噬。

04

去年秋天，我买了一些豌豆准备熬粥。买回来后，就顺手搁到冰箱里，几乎忘记了它们的存在。

某日半夜，夜寂宵寒，写完一篇长文的我，觉得肚子实在饿了，才想起它们来，于是爬起来刷锅烧水。

我翻身下床，冻得瑟瑟发抖，打开冰箱门，翻了半天才找到一包透着绿色的塑料袋。打开一看，那些豌豆竟已悄然发出嫩绿的豆芽来。

看着它们我有点出神了，等回过神来，眼眶暖融融的。它们可能并不知道自己的命运几何，但是只要活着，就会生长。

生活就像一场大逃杀，空投和爆头，你永远不知道谁先来。前行的路上，总是避不开失落和坎坷。

可你还是要去愿意相信，这世间也有守恒定律，只要早日攒够了失望，人生离触底反弹的日子也不远了。

你不必因为自己只是暗淡的小火苗而难过，做那个一直为自己加油的人，燃尽生命所有的光和热，至少可以不留遗憾。

无人同行，一个人要像一支队伍。人生实苦，但请你别认输。

曾经使我悲伤的一切，也是我热爱的一切

01

《奇葩说》有一期的辩题是"有一瓶可以消除悲伤的'忘情水'，你要不要喝"，詹青云提到反乌托邦小说《美丽新世界》。

公元 26 世纪，人们生活在一个只有快乐没有悲伤的文明社会。所有人一生下来，就被用各种方式，保持一生都有快乐的心情去工作。

在那个社会，为了消除人们的负面情绪，先消灭了所有情感，爱情、家人、亲人都成为了历史；那个社会因为害怕你因思考而悲伤，又消灭了历史和艺术。

所有的人只要产生负面情绪，甚至是空虚和寂寞，就要立刻使用一种叫唆麻的药化解。

那个社会是被工作和娱乐填满的，看上去没有吵架斗殴，没有爱恨情仇，特别安定美好。可是也不再有个人，不再有人，他

们只是活着，而没有生活了。

最后詹青云说："时间最后是一杯水，它会冲淡我们的悲伤，但它不能也不该是一杯忘情水。我们最后选择的是与自己的悲伤和解，而不是忘却。因为那曾经使我悲伤的一切，也是我最热爱过的一切。"

02

美国电影《海边的曼彻斯特》，讲的是一个比四十五度仰望天空还悲伤的故事。

主人公李·钱德勒是波士顿的一名维修工，工作干得很好，修灯泡、修下水道，仿佛没有他不能修的东西。只是，他对谁都浑身带刺，态度冷淡，拒绝亲近。

曾经的他是一个还算幽默的人，后来因为一次意外，他变了。他外出买酒，忘记将壁炉的防护罩盖好，等回来时大火已经吞噬了3个孩子，他仅把妻子救了出来。

过往如阴影一般，他的"丧"来源于生活真实的灾难，走出来了才可以哭出来，才能加以自嘲、调侃，但他并不准备放过自己。他不靠大吼大叫来表达心伤和绝望，就像一头被困在笼子里的野兽，没有生气与活力，只有隐忍和无奈。

诚如一条豆瓣短评所言，有些错误无法弥补，有些失去永远无法得偿，我们对爱人说的狠话没有办法收回，隐约看见的光亮只有一瞬。这个男人余生的每一秒都在经历死亡。

后来，李·钱德勒接到电话说哥哥病危。等他赶到医院的时候，哥哥又去世了。在遗嘱中，哥哥将侄子的监护权交给了他。

与主人公相比，侄子对于父亲的死，并没有很伤心，同时交往着两个女朋友的他，仅看了一眼父亲的遗体就回头，当天还跟女友上了床。

他对叔叔说，不要让父亲的尸体放在冷库，要赶快下葬。过了好些天，他看了一眼冰箱里的冻肉，联想到父亲还躺在冷库里，才压抑不住哭得一塌糊涂。

那一刻我才明白，他不是不伤心，而是突如其来的亲人逝世这一冰冷的现实，并不会让人瞬间悲痛。

真正会导致悲痛的，是时不时被气味、画面和声音所勾起的，与亲人有关的种种回忆。

亲人的离世带来的悲伤是毁天灭地的打击，人们唯一能做的，是接受这一切，然后慢慢与它和解。

03

大学临近毕业那年，文学社的几个文友聚餐。席间，一个女生出门接了个电话，回来就趴在桌子上哭。

问她怎么了，她说："我爸爸没有了。"

她的父亲是开大货车的，忙完赶着回家，车子中途熄火，趴到车底查看原因，车子突然动起来，人没了。

我们决定和她回家奔丧。空无一人的大街，天是黑的，路灯还亮着，我们奔跑在去火车站的马路上，她的眼泪吹散在风里。

她的父母结婚的时候，外婆家那边不同意，历尽艰辛才在一起。孩子都读大学了，和娘家的关系稍有缓和，生活才有了好转。面对丈夫的突然离世，她母亲深受打击，精神崩溃，一蹶不振。

毕业三年后，我们去参加那个女生的婚礼，有新娘的父亲把女儿交给新郎的流程。

母亲坚持要自己来，那天她穿上丈夫的西装，作男人打扮，看得我泪流不止。

她说："我这辈子算是守得云开见月明了，你那个爹忙死，没这福气。"她全程都是笑着的。

我不知道她花了多久才走出来，这三年熬过多少泪湿枕头的夜，爱得深也痛得狠。

但是我想，要是真的递给她一瓶可以消除悲伤的忘情水，她不会喝吧。

有时候，生活就像是你浑浑噩噩睡了一夜，带着起床气艰难爬起来，然后咳出的一口浓痰，恶心得要命。但是吐完这一口，你依然还是要刷牙洗脸，收拾打扮去上班。

而人生，就是一个不断面对恶心、悲伤和离别，直至死亡的过程。

越长大，越明白即便努力也于事无补，越理解生而为人充满了无力感，也越不畏惧那些苦难与深渊。

04

我收到过很多读者的留言。

有的学习成绩不理想，明明已经很努力了，还是辜负了师长的期望，陷入恶性循环，越是想做好，越是做不好，小小年纪恐惧失败。

有的工作不顺心，受不了职场的尔虞我诈，也学不会阿谀奉承，融入不了身边的圈子，也害怕从此孤身一人。

有的旧情难忘，心心念念好多年，还是逃不开一个人的想念，清晨的粥比深夜的酒好喝，骗她的人比爱她的人会说。

有的离婚数载，与孩子相依为命，虽然日子艰辛，但也温暖有爱，只想陪着孩子慢慢长大，从不畏惧晚景凄凉。

我不知道怎么安慰他们，通常只有一句"抱抱，一切都会好起来的，开心点"。

因为也真的只有接纳你的悲伤和苦难，才不至于因为绝望而忘记冷静思考和前进，也只有和悲伤和解，才能看见黎明过后的阳光雨露。

不痛苦的人生只有一种，就是当初和避孕套一起被扔掉的。挺过苦痛的方法只有一个，就是打起精神把一切都扛下来。

曾经使我悲伤的一切，也是我热爱的一切。人生已经如此艰难，我不能悲伤地坐在你身旁。

愿你阳光下是个孩子，风雨里是个大人

我最开始使用 QQ 的时候，手机还无法联网，每次都要等到周末去网吧，才能登录。

那时候日志还很受欢迎，谁要是发一篇日志引发一堆评论，简直就是人群中最闪亮的一颗星。

我很羡慕那些一篇日志有几十条评论的人，熙熙攘攘的场景，会不由自主地想：这个人也太受欢迎了吧，为什么我写的就没人看？

可能是真的很想被注意到，我变着法找一些有趣的话题，想一些大家会感兴趣的文字，绞尽脑汁斟酌如何遣词造句才显得"逗比"和有内涵。可是每次发出去，看的人寥寥无几。

那时候，真的很渴望得到别人的关注，憧憬着可以有一大群人在我的日志下面评论，然后我再高冷地说一句"没写好"。

每次发完一篇日志，我都会不停地盯着电脑屏幕等待访客，或者等 QQ 好友找我聊天，每次等来的，却是"卡上余额不足"的消息。

都说青春很美好，我的青春，被洗得发白的宽大的丑陋的校服包裹着，普通得像学校门口每天被扔在垃圾桶的矿泉水瓶子。

02

日剧《激流：你还记得我吗》里有一句台词：真怀念那时候的单纯，我们明明一无所有，却总是期待未来会光芒万丈。

而我怀念的，正是青春里那个愚蠢的自己，明明一无所有，却总是期待未来会光芒万丈。

岁月如刀，我们都是韭菜。那些不知由来的谜之自信，终于在成长的过程中消磨殆尽。

大学里只在考试周才临时抱佛脚，专业知识并没有学精，安慰自己说大家都一样；工作后没有资源可以利用，发现曾经一样混日子的人进了好的单位，自己则只能接受"我们不一样"。

明白即使最大程度地努力了，结果也只是差强人意。无法规避风险，也不能遵从本心做事，自己的力量太过渺小。

渐渐接受快乐是嵌在无聊漫长的时光里的，不是经过几年修炼、数次挫折、掉几滴血就能得到的系统的奖励。

实现了一个目标，还有下一个。"上了大学就好了""稳定下来就好了""让自己变得更好就好了"，都是善意的谎言。

安逸无忧是细碎的，焦虑烦恼是冗长的，梦想实现了还会有新的梦想，欲望满足了还会有新的欲望，麻烦解决了还会有新的麻烦。

03

回首过去的十年，从 18 岁到 28 岁，从青涩懵懂的初恋，到刻骨铭心的放手。曾经把最熟悉的陌生人当作最爱的人，后来才发现只有父母才会视你如生命。

所以，一边走一边看轻感情，同时又变得格外珍惜拥有，已经离开的绝不会开口挽留。

18 岁的爱情，说分手，你会歇斯底里喊"为什么要这样对我"，你会委曲求全让他回心转意。

28 岁的爱情，在一起没有说在一起，分开也没有正式的告别。只是悄悄从对方的世界消失，一别两宽，各生欢喜。

《请回答 1988》里，东龙对德善说："除了等待别人喜欢你，你大可以喜欢别人。现在的孩子们啊，只懂求根公式不懂人生，可是你不懂求根公式也不懂人生。"

曾经的德善，像极了年少的我们，小心翼翼地去讨别人欢心，低到尘埃里。可是恋爱不是迎合他人，而是知道自己究竟喜欢谁，然后去努力争取。

正是因为东龙的话，让德善从一个懵懂无知的少女瞬间成长，甚至到后来和阿泽的感情升温，都离不开这一意识在头脑中的觉醒。

很多时候，我们过于渴望得到别人的认同和爱，而下意识地去取悦别人，却从没正视过自己的内心到底需要什么。

这样总是把自己放在第二位的我们，也许永远是那个长不大的小孩。

04

说回那个普通得像学校门口每天被扔在垃圾桶的矿泉水瓶子的自己。

从无人问津到 QQ 加满了人，再到新开了第六个微信号，我猛然间发现自己好像不再对外部的关注那么渴望了，好像别人的看法，别人对我是否喜欢都不那么重要了。

我觉得自己虽然五官不行但三观很正，平日里待人接物从不失任何礼数，对任何人都不露骄纵姿态，有温和的性格和坚韧的意志。如果你还不喜欢我，应该是我们八字不合。

我慢慢地建立起自己的价值观，在精神自治的世界里可以自给自足，产生力量。

你完全可以把以前用来寻找外部关注的精力全部用在自己身

上，给自己的世界添砖加瓦，在音乐里体会情绪，在对身体的淬炼里找到人生修行的真谛，看着它一点一点愈加成型和坚固。

终于有那么一天，你再也不需要从别人身上乞讨一些缺失的东西了，因为你已经靠自己补完了这一切。

时间就像一个漏斗，把你的人生积累层层筛选下来，把你现在不需要的过滤掉，只留下一个与以前不同的你。

年少的时候极度自卑而缺乏关注，现在在微博上自说自话没一个人评论，但丝毫不觉得尴尬，反而觉得酣畅淋漓写完一篇文章以后，也可以含笑九泉了。

05

最近有很多关注我的读者，都在留言里诉说自己抑郁了，对抗得很痛苦。

我想说，成年人的人生除了容易长胖和容易脱发，哪里还有容易的事。

没有经历深夜痛苦的人，不足以语人生。谁不是经历无数个黑夜的痛苦难眠，数不清次数的崩溃又重建，才能风轻云淡地把曾经的经历讲出来。

你的精神世界，也许已经破碎过无数次，但你要一块又一块地把它们全部捡起来，重新拼好，让自己更强大。

深陷抑郁或者想要变得更好的可爱的人们，就算注定要失败，也请跌倒在离终点线近一些的地方吧。

　　愿你阳光下是个孩子，风雨里是个大人。

心若向阳，便会春暖花开

01

我发生过一场车祸。

2019年3月24日夜，我从老家回县城的途中，走的是乡村路，边沟的草长得和路面一样平。

天太黑，急着回家用电脑，开得有点快，会车的时候判断失误，掉进边沟里，轻度侧翻。

再往前多开200米，发生这样的失误，车会在斜坡上翻几个跟头再落地。

下车后惊魂未定，我先是丢一篇文章给助理排版，才拨打救援电话。

然后开始后怕：如果我发生了意外，从此以后公众号都没有更文，我的读者中能发现我已经消失不见的会有几人？我的学生，会换给谁教？我未来孩子的母亲，又会成为谁的新娘？

就在等待救援的那一个多小时里，公众号的后台收到一条私信：

关注你已经好几年了，像个过客般很少留言，心累了会去寻找鸡汤，受伤了会去寻找安慰，失恋了会去寻找志同道合的人。

最近感觉人生一片渺茫，没有目标，没有理想，四处漂泊。进厂、捡垃圾、开店，过得如同乞丐一般。当我在胡说吧，人总有那么一段时间会对生活感到绝望。

看完以后很心疼，好想给他一些安慰。但是那天特别冷，衣单体薄的我冻得瑟瑟发抖。安慰的体温，不知道该怎么为他多留一份。

02

人总有那么一段时间，会对生活感到绝望，我深表赞同。

大学毕业前夕，我一个人租房子到校外住，准备考研。由于生活拮据，不得不去一家房地产公司兼职做文案助理，但还是捉襟见肘。

离交房租还有一天，在办公室里，已经停机的手机收到一条家里请人发来的短信：

"钱你自己想办法，找点事做，没毕业干吗还要租那么贵的房子，实在不行就搬回寝室住。"

交了话费回复："好的，我会自己解决。"

本来一直在硬撑，还是忍不住握着手机在办公椅上哭起来。

我理解家里对一个大学生赚钱的期望，也知道家里的经济情况，更是尽我所能靠奖学金、靠公司中午的那一顿饭过活，但理性到头来还是被涌出的泪水吞噬。

我冲出公司大门，在墙角一个人抽咽。这意味着我只能靠自己去跟同学、好友七拼八凑。我该如何开口，我又拿什么保证在近期偿还债务？

没有一点点防备，一包餐巾纸递到我面前："怎么了？公司里也没什么人，还是进来吧。"

每个人都有最无助的时候，每个人都有迈不过去的坎。就在那一刻，眼泪滚烫，再也无法控制得住。

小时候，每次被父母揍都不会哭，只要奶奶在一旁说句"孩子也不容易"，就会哇哇大叫。

长大后，一个人什么都能硬撑，陌生人的一句安慰，瞬间让人泪流满面。

03

另一次对生活感到绝望，是因为大二做家教回学校太晚，错过了末班车。

刚买不久的手机和才结算的酬劳被小偷扒走，身份证银行卡全部丢失。一个人走在路上，天黑路滑，倍感孤独害怕。

碰巧有一辆车从身边路过，开着大灯，突然停下来。我索性背对着车抹泪，但车一直没有开走。

待到情绪渐渐恢复，昏暗的路上，那辆车一直照着，陪我走了很长一段路，直到红绿灯处才消失。回头看到的只是一片眩光，看不到车牌和车里的人。

每每回想起那个夜晚，记住的从来都不是倒霉的遭遇和悲伤的眼泪，而是让人暖心的车灯。

日本作家石田衣良说，一个人的强大，并非看他能做什么，而是看他能承担什么。

我们的处境，宛如这早春半黄半绿的草儿，连自己都不知道自己到底属于什么色调。在微弱的细雨中，零星地探头，微微地摇曳。

如果你从未碰到过人生的低潮，从没发生过任何让你难过挣扎的事情，你永远也不知道自己有多勇敢。

你不需要华丽跌倒爬起微笑说不痛没关系，你大可以坐在地上号啕大哭。

你不需要说走就走头发甩甩潇洒说拜拜，你大可以在门口徘徊等着谁拉住你的手然后揽入怀。

你不需要活成一部连续剧，让旁人点赞说好，并从你的逆境中获得满足感。你可以是一只蜗牛，当然有权利缩回壳里，偷懒一会儿。

04

农历二月二十八是我的生日，每一年都会写一些感悟。后来发现，那些曾经让人感到绝望的时刻，都可以笑着讲出来。

仔细回想，不会觉得自己曾经有多辛苦，反倒是这些经历，让我多出"怜我世人，忧患实多"的悲悯之心，也获得写作的技能去安慰那些孤单的同类。

所谓成长，也许就是对外长出盔甲，对内变得柔软，不再冲动胡闹，不再轻易伤害自己。身处困境懂得抛开无用的情绪专注自救，梦想破灭开始和那个心比天高的自己握手言和。

于是，你渐渐学会包容和爱，责任与感恩，懂得理性看待问题，独立思考，有更完整的灵魂和自我。

当你达不到自己的要求时，没有为缺少天资而哀号，而是寻找解决问题的对策；当你面对来自生活的恶意和捉弄时，没有沉浸在悲伤的情绪中，而是哼一首小曲回敬；当你遇到喜欢的人时，没有自视甚高也没有自轻自贱，而是努力让自己变得更好配得上她。

理解了父母的不容易，不再让他们为你担心；懂得了知己难得，不再无脑说些伤人的话；分清了轻重缓急，不再把宝贵的时间浪费在毫无意义的事上。

经历过伤害打击、挫折背叛，还是愿意笑对人生；看透了人情世故、世态炎凉，依然选择善良。

你知道这个世界再也伤害不了你，但从不声张。你看清了生活的真相，还是热爱生活。

05

请选择希望，即使是在当一切看起来都已经混乱得毫无秩序可言的时候，当你不时痛恨自己怎么可以在黑暗和荒谬中自得其乐无动于衷的时候，当你希望有些发现和超越而不仅仅是重复先人的思想和困境的时候。

希望总在转角处。在你看不见的地方，新生已悄然开始，或许还在地下，但总有一天会在不知不觉间长成参天大树。对此你不用担心，更不用着急。

在这个季节的当头，你会看到种子发芽，鲜花盛放，鸟儿欢唱，会遇到四季最嫩的绿意，会遇到四季最熨帖的文字。

一粒种子，在这个时节不仅要冲破套在自己身上的壳，还要从大地钻出，顽强地面对泥土之外的风雨。

一个人倘若没有信仰，没有对美好事物的追求，生命的力量恐怕连自己的壳都难以穿透，又怎能在流年深处滋养生命的希望？

心若向阳，便会春暖花开。未来可期，什么也没法打倒你。

第四部分

爱情面前

不妥协不将就，再爱也不回头

爱自己，才是一生浪漫的开始

01

"我离婚了！"

收到林倩的微信时，我正在参加一个朋友的婚礼。

新郎单膝跪地，哭成泪人："这辈子我会好好对你的，枪林弹雨我当你的防弹衣，刀山火海我做你的开路人。"

我仿佛看到了曾经的袁初，那个狮子座的老男孩。当初林倩看上他，是因为他对朋友和家人都很好，对自己的照顾也无微不至。

林倩不吃蒜，他就在约会的时候，反复跟服务员交代；林倩对花粉过敏，他就在重要的节日、纪念日送她一箱布娃娃；林倩怕黑，他就在家里安了很多应急灯，停电的时候也能保证灯火通明。

去年白色情人节，26 岁的林倩和 29 岁的袁初领证结婚，今年 6 月，他们的婚姻走到尽头。

一阵唏嘘过后，我回复林倩说："无论你做什么决定，我们都支持你，大家会陪你一起走出来。"

02

说真的，我从未想过袁初婚后会判若两人。一个明明看起来成熟稳重的男人，会变成一个毫无担当的孩子。

一开始，袁初只是偶尔撒谎，晚归或不归。后来生意做得不顺利，几乎天天喝醉，然后迁怒于林倩，争吵的时候错的永远是她。

袁初甚至觉得，自从把林倩娶进门，他的好运气就到头了，忍无可忍终于大爆发，趁着酒劲还动了手。

林倩在凌晨离家出走，却发现陌生的城市，除了家里陪嫁的一辆车，没有她能待的地方。

她在车里坐到天亮，跟老板请好假，找个快捷酒店，关掉手机睡了一天。开机后发现全世界都在找她，唯独没有袁初。

那时候林倩觉得婚姻已经走到了尽头，开始萌生了离婚的念头。父母尊重她的决定，公婆极力挽留。

林倩在是否离婚这个问题上纠结了好久，朋友们都说："这种人渣，赶紧离吧，还有什么可犹豫的，难道留着过年吗？"

可是对于林倩而言，离婚意味着她需要从一个已经生活了十年的城市离开，接受父母的安排，去一个新的地方，进入她并不熟悉更不喜欢的公司工作。

意味着她要面对外人的质问：怎么才结婚没多久就离了？

意味着她已经奋斗了多年的成果，要全部放弃。

虽然从陌生人发展成恋人，再结为夫妻，她和袁初走得有点快。但一路走来，感情不是水龙头，说关掉就能滴水不漏。

袁初哭着道歉，公婆苦苦劝说，最后换来林倩的原谅。

03

接下来的一段时间，袁初真的没有再动手过，但还是肆无忌惮地泡夜店，有规律地不回家。

林倩在我们命名为"头破血流的友谊"的微信群里说起这事的时候，我正在追求一个女孩，朋友们一言不合就拿我举例，说男人变心就像川剧变脸，这个年头，婚姻的风险实在太高。

林倩说："如果当时我能做到果断决绝，也就没有他的得寸进尺了。"

虽然被扣了"渣男"的帽子，我还是忍不住说了一句："你之所以还在犹豫不决，就是因为他没把你伤透。等到攒够了失望，就得离开了。"

林倩从一开始的委屈、生气、愤怒、争吵，到慢慢地沉着、冷漠、不关心，再到最后毫无感觉，是一整套放弃的过程。

这段婚姻于她而言就像鸡肋，离开需要足够强大的内心，更要有爱自己的勇气。

林倩把原来做家务的时间用来健身，恢复了 20 岁的身姿和体态。她把原来给他彻夜打电话的时间用来提升自己，工作平稳度过了瓶颈期，一步步变好。

她重新看了一套面积不大但还算温馨的房子，交完首付月供的话，可以在伤心的城市有了立足之地，而这次的安全感是自己给自己的。

她也终于明白，真正有品位懂生活的男人，大多都在健身房挥汗如雨，那些到了晚上呼朋唤友留恋酒桌的，多数是中看不中用的池中之物。

站在婚姻的悬崖上，林倩纵身一跳，本以为会粉身碎骨，其实那不过是人生的一道坎。

04

昨晚临睡前，我一一登录五个微信号处理消息，有读者给我发了这样一段摘录：

我确实真诚地喜欢过你，想过带你去看每年故宫的初雪，阿拉斯加的海岸线，我曾愿意与你两人独占一江秋，愿意与你郡亭枕上看潮头。铺着红地毯的礼堂，暮霭沉沉的原野，我都曾愿与你共享，我想象过和你一起生活，直到白发苍苍垂垂老矣，同枕共穴，至死不休。

可我现在也确实不喜欢你了，车站年久失修，江南的砖瓦裂了缝，当初不撞南墙不回头的热血已然冷却。抱歉啦，我们就此别过吧，我的喜欢要给别人了。此生勿复见，山水不相逢。

这段话真的很戳泪点，感情这杯酒，谁喝都会醉。

因为太喜欢了，即使他伤害了自己还是喜欢，即使他爱上了别人还是喜欢，即使大家都说他是人渣还是喜欢。

喜欢得忘了时间，忘了奋斗，忘了痛苦，也忘记了自己。

想要对一个人彻底死心，其实需要的是一个点，这个点出现之前，你可能会无法控制自己的犯贱、思念、挣扎等一系列行为。

想死心又死不了的过程，就像练九阴白骨爪，急不来，逃不掉，得狠下心，沉住气。

练成了，你就是黄衣女子，走火入魔就是黑化的周芷若。

练成了，你就能透过那个人看到情感的本质、人生的本质、生命的本质。最后看到孤独，任何人都填补不了的孤独。

练成了，你就不再向外寻求依赖，内心的自爱开始生出力量，让你所向披靡。

05

曾经执念太深，觉得爱情就是，与一个人牵了手，就要天长地久，就算他变了心，也可以委曲求全、逆来顺受。

后来幡然醒悟，爱情从来都不是雪中送炭，而是锦上添花。互相尊重才能走得更远，自轻自贱只能换来更多的轻贱。我喜欢你，可我也不怕失去你。

如果已经决定一往情深，那在勇气之外，在俗世和生活的打磨下，还得一起培养守护爱情的能力。唯有自由、坚强和独立的两个人，才配得上纯粹的爱。

老天爷就是要让不懂得爱的人先吃苦，让懂得爱的人先得到真爱。好与坏是守恒的，谁也逃不掉。

宁愿没心没肺地单身，也不要苟延残喘地恋爱，真正爱你的人，一定是最后才出场的人。

当你学会爱自己的时候，一生的浪漫就开始了。

我爱过你，已经尽力了

01

旅行途中，我在舟山的一家民宿遇到一个游客，我们在院子里聊天。两杯啤酒下肚，原来是个有故事的人。

她的微信名叫洛雪，曾经爱过一个男孩，从暗恋到告别，用了十年之久。

起初，男孩只是学校的一个传说，成绩优异沉默寡言，物理总是能考满分。偶然的一次旗下讲话，她就彻底沦陷了。

知道男孩要参加物理竞赛，她就努力刷题，看那些她一度觉得枯燥无味的书。她渴望通过物理竞赛的初赛选拔，和男孩坐在同一间培训教室，看着他的背影发呆。

像大多数坠入爱河的少女那样，她怀着一腔孤勇奋力向前，从未想过，爱情其实是两个人的事。

一个学期结束，她的物理能考到 90 分以上，数学却只能考 30 多分，搞得数学老师都怀疑人生了——"我实在无法理解，一个物理能学这么好的人，竟然学不了数学。"

她却在心里偷着乐，因为她如愿进入物理竞赛培训班，要到了男孩的联系方式，并在长期向男孩请教问题的过程中，慢慢和男孩熟络起来。和男孩相处的每一天，她都在心里乐开了花，却从不敢表露心迹。

那时候，她可以整晚守着手机等他玩好游戏说一句"晚安"，在愚人节的时候只对他一个人说真话，在他生日的时候偷偷匿名送礼物……

02

物理竞赛结果揭晓，洛雪获奖入围，将要代表学校去参加全国的决赛，有机会入选国家集训队，但是她并不开心，因为男孩落选了。

男孩竞赛失利，失去了保送心仪大学的机会，她觉得是自己害了他，于是决定快刀斩乱麻，接受男孩的建议——"我们以后都不要再联系了"。

最后一个电话被挂掉，她站在学校的篮球场外面，路灯把影子拉得老长，顾不上人来人往，眼泪不可抑止地往下掉。

后来，她依旧默默关心着男孩，每天早上偷偷在他桌箱放一盒牛奶，找男孩要好的朋友开导他，让他安心准备高考。

直到她亲眼看见男孩和别的女孩手牵手，从她绕道去过无数回的那条街走过，她才重新化悲痛为力量，考取男孩想要被保送的大学，又继续读研，毕业后进入一家外企工作。

一直以来，她的身边都有很多追求者，她却从没谈过一段恋爱，习惯了独处，甚至不愿意与人深交。她没有耽误任何一个别的男孩，就这样把自己耽误了。

偶尔，她还是会翻看那个男孩的微博，知道他换了好几个女朋友，已经打算结婚了。而她还在旅行，每到一个城市就拍一张地标图，然后做成明信片托老同学寄给他，祝福他新婚快乐，却不知道他有没有收到。

她常常在想，如果他不曾出现，自己的遗憾会不会少很多？也许只是平淡无奇地度过高中生活，每天和闺密打打闹闹，然后因为成绩烦恼。还好他出现了，让她能体会到最真切的快乐，和最折磨人的痛苦。

追逐的那几年，她不知道是什么支撑自己一直坚持，她只是觉得：再过一段时间，再等待一下，他就可以看到我了，只要我足够努力，总有一天，他也会喜欢上我的。

可是爱情啊，从来都不是努力就可以拥有的。

03

倪一宁曾写过一段话，你爱的那个人，原本也就是个凡人，是你的注视，让他镀上金身。所以我总觉得爱人者比被爱者更有福，因为有魔力的人是你呀，是你的心心念念，让这世界变得温存。

可惜很多人都不明白这一点，总是走向另一个极端，觉得他不喜欢我，都是我不够好。

爱一个人的时候，我们总会不由自主地敏感起来，他随口说出的话，不经意间的小动作，每一条朋友圈，都可以当成阅读理解。

你把他的电话号码存在通信录的第一个，把他的微信加上星标，把他的微博设置成特别关心，但你却很少收到他主动的来电和消息。

你拿着手机很晚都不睡，只为等他说一句"晚安"，他却有可能已经搂着别人睡着了。你为了爱情孤注一掷、掏心掏肺，最后收到的也不过是一张他给的"好人卡"。

你倾尽所有，拼命地对一个人好，却还怪自己做得不够多，而人家收到信息的时候，心里可能在想：这傻子怎么这么烦。

感情这种事，本来就讲求缘分的。不是所有的爱，都能收到同等的回应，也不是所有的真心，都能被好好珍惜。

爱情里最心酸的事，莫过于你"码"了一大段热情洋溢的文字，却换来一个敷衍的表情，或者"嗯""哦""哈"。

他把"忙"说得云淡风轻，寒意却排山倒海般朝你袭来，你兴高采烈地捧起你的全世界给他，他的世界里却从来没有安排过你。

什么是喜欢?

有人说,前一秒钟恨不得将对方撕碎,下一秒却蹲在地上边哭边捡,不知道该怎么拼起来。

什么是爱?

有人说,有时你很想抱他,有时你想一枪崩了他,更多的时候是你走在买枪的路上,看到他爱喝的豆浆,就忘了自己是来杀他的。

大概我们每个人的一生中,都有过那么一两段爱而不得的经历。因为喜欢,所以不求回报地付出,因为爱,所以甘愿低到尘埃里。

可是,爱情的本质不是你以为你感动了他,他就会爱你。其实一开始就决定了,他不爱你,无论你做什么,都只是感动自己。

你一厢情愿地付出,总是小心翼翼,远了怕生,近了怕烦,少了怕淡,多了怕缠。然而,一个人要是不爱你,那你做什么都是错的。

真正爱你的人,你可以在他面前是任何一种女生,可以任性,可以不温柔,可以无理取闹。他要是爱你不够,你才需要完美,需要服从,需要体贴,需要委曲求全。

思念无果,大雨滂沱,窗外暴雨再狂澜,也淋不到室内的伞。

大势已去,他不爱你,你的付出再卑微,也留不住要走的人。

05

人生这场路，总要遇到对手才能酣畅淋漓，有互动才有滋味。要知道，我们要的爱情，从来都不是朝着空气挥巴掌。

无论你多喜欢一个人，都不要去当一个供他无聊时候消遣的备胎，也别让自己低到尘埃里，去迎合，去讨好。就算你们如愿走到一起，你也是无形中赋予他高你一等的权利，他对你不会有半分疼惜和怜爱，有的只是勉强和敷衍。

主动久了却还是没有得到回应，就离开吧，把时间留给更加值得的人。即使在感情里失望过，也不要丢失对真爱的向往，即使爱不到自己想爱的人，也不要自卑或埋怨。告诉自己，我很好，值得一个同样好的人。

你别皱眉，我走就是了，我知道挽留是没有用的，我能给的，只有自由。

我喜欢你，可我不能一辈子犯贱。我爱过你，已经尽力了。

握不住的沙，不如扬了它

王家卫的《东邪西毒》里有段台词：

每个人都会经历这个阶段，看见一座山，就想知道山后面是什么。

我很想告诉他，可能翻过去山后面，你会发觉没有什么特别。回头看，会觉得这一边更好。

但我知道他不会听，以他的性格，自己不试过，又怎么会甘心？

林夕在《似是故人来》里写道：

但凡未得到，但凡是过去，总是最登对。

他们想要阐释的是同一个命题，那些我们越是得不到的，越是放不下的，越是觉得美好。

因为没法在一起。你没有见过他西装下的肚腩，醉酒后的丑态，失意的彷徨，低落时的窘迫；你没有见过她刚醒后的素颜，发脾气时的蛮不讲理，不安时的责备和抱怨。

你以为你得不到的人如此完美，其实仅仅是你还没有看到他们的全部。

得到了的，一切结果都坐实了，变成了高清直播。

得不到的，却有着这千万种可能，还是希望影像。

02

作为上世纪 80 年代台湾第一美女，胡茵梦年轻的时候十分霸道，走到街上，她都要想尽办法，把所有人的目光吸引到身上。

那时，她很会玩，抗议民谣里的歌词，对这个世界抱有乌托邦的理想。她只看重自己在异性心里有没有魅力，自由度能达到什么样的程度，还有多少新奇的事情可以探索和享受。

才子李敖评价她，又漂亮又漂泊、又迷人又迷茫、又优游又优秀、又伤感又性感、又不可理解又不可理喻。

后来，她坠入爱河，辞掉演艺工作与李敖结婚。短短 3 个月的婚姻，带来的却是余生再也摆脱不了的一段伤痛。

离婚后，李敖这样评价她："在我心中她一直都是完美。有一次半夜起夜，忽然看到她因为便秘在马桶上龇牙咧嘴的样子，觉得完美被打破了。"

日久见人心，爱情的美好在婚姻里打碎，多少有点让人看得发懵。

"得不到"是浮在空中的，像洁白的雪花，就算偶尔有雨水浇一下热情，也可以想象得很美好，不用切实地，不用入凡尘。

但"在一起"是接地气的，有泥土有尘埃，就算偶尔阳光滋润，也是在地上飞不起来的。

已在身边的人，从青春年少到白发苍苍，是一场丰盛的生命。完整的经历，因为磕磕绊绊，珍贵，却不够梦幻。

从未得到的人，从懵懂心动到黯然神伤，是一次追逐的使命。孤独的旅程，因为无人回应，脑补，所以才更爱。

03

我有一个朋友，长得甜美娇小，又喜欢打扮，在少女时代追求者无数，最后选择一个成熟稳重的男人结婚。

但是有一个追求者，即便知道她已经嫁作人妇，生育小孩，却还是不肯放弃，因为他觉得她身上有光。

追求者经常保留她朋友圈的照片，做成视频，配上抖音神曲，在一些莫名其妙的日子发给她，吓得她把朋友圈都关掉了。

不堪其扰，她把追求者拉黑。等她去南京培训的时候，追求者从贵阳坐飞机去南京，让她当面把微信加回来，然后又坐飞机回贵阳。

年轻的时候，她的确很潮，热裤高腰衣，不知秋裤为何物；生了孩子之后怕冷，入秋以后就要裹得严严实实的，连她老公都吐槽越来越不注重打扮了，像个中年妇女。

她开玩笑说，以前老公追她的时候，他们在不同的中学，老公每晚逃夜自习去送她回家。现在下班晚了让老公去接，老公竟然叫她自己打车。

追求者的行为虽然很幼稚，却是为数不多能让她笑得失态的人，但他们终究是不可能的。

她和我谈论这件事的时候，让我不由得想起李碧华在《青蛇》里写的那段话：

每个女人，也希望她生命中有两个男人：许仙和法海。

法海是用尽千方百计博他偶一欢心的金漆神像，生世伫候他稍假辞色，仰之弥高。万一他肯臣服，又嫌他刚强怠慢，不解温柔，枉费心机。

许仙是依依挽手、细细画眉的美少年，给你讲最好听的话语来熨帖心灵。但只因到手了，他没一句话说得准，没一个动作硬朗。

04

当然，有些人的念念不忘，只因心有不甘。

自古多情空余恨，此恨绵绵无绝期。追得越久，沉没成本越大，当初的怦然心动到后来变成了一种执念。

如果追不到她，我封绍峰的名字就倒过来念；如果不能与他厮守到老，我王春花的姓氏就倒过来写。

男人大肚便便，对酒当歌，想起那个曾经爱过的姑娘，仍能痛饮一杯："老子当年也曾是个热血青年。"曾经的执念到后来便化作勋章，最美的爱情，在回忆里待续。

女人容颜不再，回忆往事，想起那个不敢多看一眼的少年，仍能会心一笑："老娘当年也是一个有故事的女同学。"那些执迷不悟的过往，到后来也可化为生命长河上的点点星光。

用一句更烂俗的话讲就是，单恋是一个人的事。只要自己努力，就足以回味一生。

那个得不到的人，你为她准备了厚厚的一册人生，在封面工整地写下她的名字，在扉页小心翼翼地写下你们相识的日子，然后一页页翻开。

从一句"我喜欢你"开始，之后是漫长的留白，甚至不知道封底在哪里，可无论翻到哪里，你都可以脑补出一堆美好的回忆。

像一句覆水难收的咒语，你念出了开始，却等不到结局；像一场非死即伤的决斗，你拔出了剑，对手却只有自己。

最后你终于说服自己，我喜欢你，与你无关。

就像喜欢林间的鸟儿，只是驻足聆听它的声音，不会让它惊起而飞；就像喜欢一朵盛开的花朵，只是静静观赏，毫无采摘之意。

因为喜欢你，所以享受追逐的过程。尽管无法在一起，但可以成为更好的自己。

05

人类的本质不只是复读机和鸽子，还是贱皮子，越是难以得到的东西，就越是心生向往。

然而，一旦将其占为己有，一段时间之后，又会感到厌倦。自身越是停滞不前，厌倦得就越快。

就像刚买回新手机的时候，每个人都多少会爱惜一点，舍不得有刮痕，时时勤擦拭。用的时间久了，习惯了，也就那样，随处乱丢，磕坏了屏幕，蹭掉了漆，也不觉得心疼。

有一天把手机给弄丢了，又会怅然若失，里面的照片和聊天记录，它陪你走过的路程，都让你一下子无法适应。

濒临分手的时候，我们通常都会觉得对方脾气差，总是因为一些鸡毛蒜皮的小事吵架，心里想着，要是能和她分手就好了。结果真的分了，又怅然若失，不是因为失去，而是这辈子都无法再拥有。

只是，当我们过完耳听爱情的年纪，日渐成熟，需要担起一份责任的时候，还是要拿得起放得下。

握不住的沙，不如扬了它。既然已经失去了，就要迅速从过往里抽离。继续往前走，才能在街道的转角遇见找了你很久的人。

爱还可以是包容与原谅，放下与祝福。思念和死守一个不会回来或者得不到的人，你以为是深情，实际上是辜负了自己和那些真正爱你的人。

满目山河空念远，不如怜取眼前人。如果青春喂了狗，莫要回首已黄昏。

南墙我撞了，故事我忘了

01

可能我撞了南墙才会回头吧，可能我见了黄河才会死心吧，可能我偏要一条路走到黑吧，可能我还没遇见那个他吧。

这首歌叫《可能否》，由木小雅谱曲、填词并演唱。比起大师级的作品，歌词普通经不起品味，但是副歌的部分还是"扎心"了。

问世间情为何物，总让人捉摸不透。你会找朋友倾诉，在网上搜"喜欢一个人的表现"云云，结果把自己搞得越来越糊涂，越来越沮丧。

每个人的想法都不相同，每件事的转机都有惊喜，为什么要被周围的人左右，不能勇敢地去付出？

我只在乎你，只听你说，只对你好，能成为你的追光者，就算最后是飞蛾扑火，也死得其所。

谁都别劝我了，道理我都懂，但爱情是不讲理的。

02

同样的题材，黄伟文写过一首情歌叫《勇》。

林夕写词，都是在劝：回头吧别撞南墙了，你身边自有一番天地，能让你通达。

黄伟文却说：我不要管通不通达，我就要撞南墙，我要撞破了它来见你，这自有一番决绝态度。

旁人从不赞同，而情理也不容，仍全情投入伤都不觉痛。如穷追一个梦，谁人如何激进，亦不及我为你那么勇。

这首歌非常写实地刻画了当情感追求与个人尊严之间产生难以调和的矛盾时，人们的挣扎与呼喊。歌者略带自嘲的一声声铿锵有力的自我鼓励，令人动容，现实对热情善良者的残酷，令人心碎。

多么像年少的我们，喜欢上一个人，心里早已偷偷计划好未来，住哪座城市？生几个小孩？婚礼中式还是西式？可是人家连你是谁都没有印象。

在爱情里，勇本就有些犯贱的味道，是明知不可为而为之，就算受伤也不肯放手，其他的再好我也不要。我们能阻止一个人犯傻，但我们阻止不了一个人犯贱。

爱是一种力量，我们最爱的往往是心里的那根刺。想起他的笑脸，你就能咬紧牙关加班，在深夜里笑出声来，可以去很远的地方见上他一面。你的心里有个马达，烧的是最炽热的感情。

当每次的发力都只是打在一团棉花上，还有多少人还能保有这种抛开一切、愚蠢赤诚的英勇？又有多少人能承担起这背后的热泪与绝望？

我们面临着门第、距离、收入和性格等方面的差距，到了疲于奔命的年纪，谁又敢"勇"无止境？

03

《琅琊榜》里，梅长苏谋划许久，终于在一夜之间扳倒谢玉。

但梅长苏觉得，自己用了最残酷的方式揭露了所有的真相，没有顾及萧景睿的感受，伤害了他们之间的友情，很悲痛地向萧景睿道歉。

接着萧景睿的回答，说透了成熟的交友观，打到人心窝里。同时，也适用于爱情。

我曾经因为你这么做，非常难过，可是我毕竟已经不再是一个自以为是的孩子了，我明白了，凡是人总有取舍。

你取了你认为重要的东西，舍弃了我，这只是你的选择而已，若是我因为没有被选择就心生怨恨，那这世界岂不是有太多不可原谅之处？毕竟谁也没有责任要以我为先，以我为重，无论我如何希望也不能强求。

我之所以这么待你，是因为我愿意，若能以此换回同样的诚心，固然可喜，若是没有，我也没有什么可后悔的。

《笑傲江湖》里，令狐冲闯少林寺救任盈盈，方证大师和任我行约定比武三场，如果日月神教胜两场，就可以下山。

偏偏这个时候，岳不群要求和令狐冲比一场。一边是师父，打败他会让他颜面扫地，一边是恋人，自己输了她还是会被困少林。但此时，任盈盈什么都不做，却也不失为勇敢。

任盈盈心想：我待你如何，你早已知道，你如以我为重，决意救我下山，你自会取胜。你如以师父为重，我便是拉住你衣袖哀哀求告，也是无用。我何必站在你的面前来提醒你？

她深知两性相悦，贵乎自然，倘要自己有所示意之后，令狐冲才为自己打算，那可无味极了。

所谓感情，其实很多时候就是一个人的事情。只问付出，别去计较回报，只求问心无愧，别管公平不公平，是成年人该有的素养。

所谓勇敢，就是你在做之前就知道你会输，但你仍然要去做，而且无论如何也要把它坚持到底。

我爱你，与你无关。就算因此死去，也是我自己的选择。

04

有个成语叫尾生抱柱，相传尾生与女子约定在桥梁相会，久候女子不到，水涨，乃抱桥柱而死。

大难临头各自飞，趋利避害谁都会，明知没结果，却不撞南墙不回头，才让人动容。

我没有你想的那么伟大，不是没有想过代价。就算撞得头破血流，能换你一次回头，又有何惧？

他们都说我不应该爱上你，我只愿跟随自己的本心。即使前路再险恶，有千军万马挡着，我也要杀出一条血路。谁叫我只有这点勇敢，不懂温柔。

谢谢你的出现，够我喜欢好多年。撞了南墙不回头，见了黄河不死心，偏要一条路走到黑。

爱你我不后悔，敢给就敢心碎，就算风雨后没有彩虹，还好我有一腔孤勇。

愿得一心人，白首不相离

01

我一个朋友，最近心情不好，凌晨一点打电话约我吃烧烤。

我勉为其难去了，只是怕他出事。

事情是这样的，几天前他遇到一个很漂亮的女孩，心动了，单独约出来见了好几次面。

虽然他不善言辞，但是女孩很会说话。他们聊着很轻松的话题，关于人生理想、地方美食和穿越世界的旅行。女孩负责引导，梨涡浅笑，他连孩子的名字都取好了。

最后一次见面，他想问出那个藏在心里一直不敢问的问题，因为所有他喜欢过的女孩，都回答不上来，他怕这个也不例外。

但是他还是决定试一试，哪怕只有一线希望。

他小心翼翼地开口："今天的风儿甚是喧嚣啊。"

"是吗？哪来的风？"女孩说完，他心碎一地。

果然，他们并不是一路人。

这个"梗"出自他最喜欢的漫画《男子高中生的日常》,他希望和他相伴一生的人,能接得住。

02

才喝了几杯,他就上头了,果然心情不好,喝酒易醉。

他在我眼前哭成狗:"你说,我这样找人,是不是很傻?不会有人对得上的,要不我去把她找回来吧?"

"等。"

我只说了一个字,而且只说了一次。

他一脸迷惘:"我不想等了,现在回头,兴许还能打八折,最坏的结果也不过是被她打骨折。"

"等吧,或许不是这个人,或许不是下个人,或许连你都不知道是哪个人,但总会有合适的人出现的。"

音响里,传来李宗盛的歌声。这个一辈子都在为情所困的老男人一开嗓,情绪差点满溢杯子。

一会儿"算了吧,好吗,人生终究是一场空",一会儿"岁月你别催,走远的我不追,我只不过想弄清原委"。

原来头发已经花白的他,心中的那些不甘和无奈,到头来还是没藏住。医者不自医,但凡劝别人说算了的人,往往心中最是放不下。

说算了,并没有看破红尘,只是拧不过现实的翻云覆雨手而已。

朋友喝醉了，拉着我的手，我摇醒他，递给他一只鸡爪："牵着它，我再给你讲两个故事。"

03

《天龙七部》鹰门关外，肃峰眼看着阿紫折箭跳崖，要跟着殉情，大家都在阻拦他。

我管你什么家国大义，英雄几何，我只要天地间还给我一个完完整整、策马塞外的小姨子。

于是他自剜双目，准备随阿紫而去。

但阿紫心里，就只有游坦之："游坦之就是游坦之，四海列国、千秋万载，就只有一个游坦之。"

哪怕他套着铁头很丑，哪怕你肃峰有再多的主角光环，也比不上他一根手指头。

结义兄弟劝他："大哥，算了吧，其实阿朱也挺好，你们一起塞上牛羊、情深未变，岂不美哉？"

肃峰说："我偏不。"

然后卒。

《天龙九部》有个女侠，喜欢在山涧洗澡，常常被人偷看，长得丑的直接挖了双眼，长得好看的蹂躏一番再杀掉。

偏偏有个相貌堂堂的少年叫实竹，对她不感兴趣。他打马路过，只因背负血海深仇，要赶去少林寺学艺。

女侠一路追到少林，还没破掉十八铜人阵，实竹已经在受戒剃度了。

老和尚双手合十："施主，算了吧，红尘多纷扰，缘分自然强求不来。"

女侠说："我才不要算了，一旦妥协、将就、凑合，这辈子和对着青灯古佛过，有什么区别？"

每天心无波澜地对着另一个人练剑，面无表情地和他吃三餐，再也没有使用"飘雪穿云"跑出十里路为他买点心的冲动。这样过一辈子，还不如在另一座山头建一座尼姑庵。

算了吧？

我偏不。

04

诗云，金风玉露一相逢，便胜却人间无数。

遇不到合适的人，多半是我们作的，就算只是找个能聊得来的，也不容易。除了三观、性格相合之外，还得经历见识相似，出身背景契合，这样筛选下来，所剩之人寥寥无几。

寥寥无几的几个人，可能今天早晨在地铁上与你擦肩而过，可能在你蹲下系鞋带的时候刚好走过你的身旁，可能在你选择微信支付的时候他也扫了同一个二维码。

可能你们相遇的时候都还太年轻了，磨合期遇到问题没有及时解决，轻而易举选择了放弃。

可能相遇的时候你觉得自己还配不上他，心里盼着他能再等一等："未来的日子，我怕自己再也遇不到喜欢的人了，所以你再等等我，等我打磨好自己，变成更好的人，行不行？"

别人问你找对象的标准是什么，你答不上来。也许只是一种信仰，你笃定他不会走，他坚信你不放手。你愿意为他打磨棱角，他也有足够的耐心陪你白头。

等一个合适的人，需要保持耐心。还没遇到，你唯一能做的就是等，保持炽热的心，哪管世间风起云涌，任凭四季繁花落尽。

有人潇洒离去，有人站在原地，各有各的步伐，各有各的频率。你要攒下千奇百怪的问题，一路狂奔跑赢四季。

直到那个人出现，他会说："今天的风儿甚是喧嚣啊。"

你笑语盈盈，终于和他完美匹配。

"快走吧，隔壁超市薯片半价。"

承认吧，秒回信息的人并不会被珍惜

01

今天看到一个有趣的话题，讲的是那些秒回信息的人，反而不一定会得到珍惜。

所以真正会撩的高手，他也许会盼着对方秒回自己，却故意拖上一会儿才回复对方。

在心理学上，这一现象被称为"奖赏不确定性"，不确定性会提高奖赏的吸引力。

纽约大学的一位教授说，如果让实验动物按动杠杆，每按一次都能得到食物，它们按杠杆的频率会逐渐下降。

反之，如果降低提供食物的频率，它们就会积极地按动杠杆，这时它们的多巴胺水平也会升高，这令它们感到兴奋。

所以，如果将心上人的回复视作一种奖赏，那么等待对方的回复，就是享受不确定性的过程。

不确定的魅力到底有多大？

《哈佛幸福课》的作者进行过一项研究，让女大学生们浏览四个男生的 Facebook 主页，并告知她们，这些男生已经看过她们的主页，对她们的感觉有三种结果：

A. 有好感。

B. 没感觉。

C. 不确定。

结果发现，A 组对男生们的好感度高于 B 组，而 C 组对男生们最有好感。

也就是说，如果知道对方对自己有感觉，我们也倾向于喜欢他；但是如果无法确定对方对自己的感觉，我们会加倍地喜欢他。

《四重奏》里说："表白是小孩子才会做的事，成年人需要诱惑。"

多年以后，你或许会忘记对方说过的情话，却不会忘记等待时自己雀跃的心情。

02

《西游记后传》的片尾曲，是毛阿敏演唱的《相思》，歌词有这样两句：

最肯忘却古人诗，最不屑一顾是相思。守着爱怕人笑，还怕人看清。

小时候的我，看完热热闹闹的剧集，在片尾睡着了，直到有一天听到这两句，呆愣了许久不能言。

十多年光阴让身边的许多人渐行渐远，只留下一些浅浅淡淡的影子。其中有一位，直到她结婚了，我心里的天平都不得平衡，她给我最多的绝望，却绝不敢让她听到我的哭喊。

那时候用的手机是诺基亚3210，我和她每天都会发短信，无论手里在做什么事，都会秒回她。

老式手机只能存100条短信，我把她发的每一条都用笔记下来，足足5大本，那是1000多个日日夜夜莫名的走神和惊醒。

直到看了《后来的我们》才深刻体会，没有办法和喜欢的人在一起，真的是大多数人生命的常态。

多年后再相遇，没有谁不珍惜谁，就是彼此都知道形同陌路是最好的结局，甚至连那种没办法在一起的怨恨和难过都没有了。

不会老死不相往来，但也不会再有刻意的交集，遇见就顺其自然，仅仅是认识，对曾经的感情和爱都闭口不谈。

就像见清的父亲在信里写的，缘分这事，不负彼此就好，不负此生太难。

在这个薄凉的人世间深情地活着，本就胜之不武，用今天的心情重温昨日的剧情，又太过旁观者清。

毕竟承认忘不了，真是太过尴尬了。

夏正正在微博上讲过一个小故事。

他外婆离开人世的那个黄昏，外公在病房里陪伴着她走完了生命的最后一段旅程。外婆临去前对外公说"放学了"。

一直假装平静的外公，听完这句话后，像个孩子似的大哭起来。

葬礼结束后，他问起外公这三个字的含义。外公告诉他，这是从前和外婆还在上小学时，外婆常说的一句话。

"放学了，我们一起回家吧。"

曾以为爱是经得起平淡的流年，后来才明白，爱是懂得经营平淡的流年。

弥留之际只记得你，结束时看到了开始的惊喜，让人泪目。

刘瑜说，爱有很多种。

一种是，你想和他牵着手，在街上、在超市里走。你们做爱、做饭，你们看电视、给对方夹菜。你们在一起，像头驴子，转啊转，把时间磨成粉末，然后用粉末揉面，做包子、饺子、面条，吃下去，饱了，心满意足。

还有一种，就是像我对你这样，远远地，用一点微弱的想象张望。给这暗下去的岁月，涂一抹口红。这么些年来，我都不知道，我是在用想象维持对你的爱情，还是在用你维持想象的能力。

爱就像云一样，你知道不可能触摸到云，但可以感觉到雨。

你不能触摸到爱，但你可以感觉到温情在身边的每一个角落。

爱本身一定蕴含着某种力量，给人希望，引人向善，助人渡过生活的难关，不惧怕前路有多艰险。

04

弗洛姆将爱看成一种艺术，把人们对爱的理解分为四种。

第一种人是自私者，认为给予是痛苦的。给予别人爱，就失去了属于自己的爱，会感到痛苦。所以，只愿意享受爱，不愿给予爱。

第二种人是投资者，他们具有一种商人思维，将爱视为一种投资，认为给予是为了获得更多。给予你关爱之前，先看看你值不值得我投资，换句话说，给你爱是为了你能回馈更多的爱。

第三种人是殉道者，他们认为给予别人爱是一件痛苦的事情。虽然痛苦，但给予是一种美德，所以还是要给予。

这三者涵盖了 99% 的人的思维。

而弗洛姆提倡的是做第四种人——创造者。我给予你爱，并不寻求回报。因为我是一个内心充满爱的人，在情感上是一个富足的人。

在创造性的给予中，我体验到快乐和幸福。给予是一种能力，给予是一种价值实现。

那么，亲爱的，你是哪种人？

我养你，是最毒的情话

01

有人说，爱是两个人一起向前走，也走向对方，是自我完善的过程。

有人说，爱是一种不死的欲望，是疲惫生活中的英雄梦想。

《圣经》里说，爱是恒久的忍耐又有恩慈。

周星驰的电影《喜剧之王》里，尹天仇对柳飘飘说："不上班我养你。"

未涉世事的小姐姐们，也许会被这句话感动得稀里哗啦掉眼泪，认为一个没有钱的男人能够说出"我养你"，是这个世界上最温柔的情话。

时隔多年，短视频平台上，终于有人拍出了续集。男孩说"不上班我养你"，女孩放下行李箱回家，每天吃零食追剧，蓬头垢面不施粉黛，男孩终于受不了，把她撵出了家门。

不可否认，尹天仇的"我养你"结合电影情节看起来是挺感人的，但是放在现实生活中，一个只是用下半身思考的男人说"我养你"，是这个世界上最毒的情话。

就算他足够爱你，给不了物质也是让你受罪。穿便宜的衣服，住简陋的房子，上下班挤公交车……婚后被这样养着，只有共苦没有同甘，你会不会觉得幸福？

如果你因为抽油烟机漏味熏得呛鼻而难受，因为老公忙于应酬早出晚归而心疼，因为不知道要不要给孩子买贵一点的奶粉而纠结，因为热水器升温慢洗个澡都快等睡着了而叹气，这样的日子是否还能轻言有爱？

你当然可以安慰自己说，这一切都只是暂时的，等一等就好了。奈何贫贱夫妻百事哀，生活好像就在日复一日的等待中，渐渐失去了温度。

02

荷西问三毛：你想嫁个什么样的人？

三毛回答说：如果我不爱他，他是百万富翁我也不嫁，如果我爱他，他是千万富翁我也嫁。如果跟你，那只要吃得饱的钱也算了。

一开始我很羡慕这种不用与物质挂钩的爱情，后来仔细琢磨，总觉得三毛并没有只是单纯的爱情至上。

将"吃得饱的钱"引申了，应该还包括一辆出行的代步车，一套简单装修过的月供房，以及孩子的高档奶粉、进口疫苗，条件好的幼儿园。

正如我认识的一位作者说的那样，爱情的成本很低，低到说爱你就能贡献身体和灵魂，但是婚姻就不一样，除了奉献爱，还要消耗精神。

两个人在一起，如果你们的钱只够吃饱饭，你想要买口红买包包甚至买一件淘宝上的衣服，都需要和老公商量，因为太贵了老公还会给你甩脸色，那么你们的婚姻肯定是没有质量的。

女孩们之所以对"我养你"感动，是想着有闲暇在家里美容养生琴棋书画，腻了去逛街购物喝咖啡下午茶。可男人的"我养你"却藏好了毒，希望你在家洗衣做饭操劳家务，孝敬公婆同时给他打洗脚水。

所以，当男人说我养你的时候，女人先把夺眶欲出的眼泪憋回去。你以为可以得到香奈儿圣罗兰，而他只会给你白馒头水煮蛋。

面包我可以自己买，你给我爱情就好了，最怕的是他不但给不了你爱情，还要瓜分你的面包。

03

《爱情保卫战》有一期节目，一对情侣已经恋爱四年多，到了准备结婚的时候，因为 15 万元彩礼钱起了争执。

女孩并不物质，之前从未主动向男孩要求过什么，只因自己是家里的独生女，如果没有彩礼，没法跟父母交代，朋友也会低看一眼。娘家人承诺不会动这笔彩礼钱，婚后还是由他们支配。

男孩则情绪激动地说，钱不能衡量两个人几年的感情，何况夜长梦多，给出去的彩礼不能保证顺利拿回来。

两人各执一词，互不理解，婚礼再也无法推进了。

后来主持人涂磊说，愿意主动和你谈钱的男人，才是真的爱你。

这样的男人，会觉得娶一个女人，房子、车子、婚纱、戒指等等，就是他应该准备的。即便女人主动提出来，他也不会觉得过分，这是他的责任。

如果女人说"我不要"，他会非常感激，觉得是自己的福气，才娶到一个善解人意的女人。

谈钱虽然庸俗，但它能从一个角度看出一个人是否值得付出。女人的光鲜亮丽，是一个男人实力的最好证明，觉得女人物质现实的男人，多半没什么出息。

04

有人问，女孩子上那么久的学，读那么多的书，最终不还是要回一座平凡的城，打一份平凡的工，嫁作人妇，洗衣煮饭，相夫教子，何苦折腾？

我想，她们的坚持，应该是为了就算最终跌入烦琐，洗尽铅华，同样的工作，却有不一样的心境，同样的家庭，却有不一样的情调，同样的后代，却有不一样的素养。

她们先谋生再谋爱，不管是和一个男人站在一起共担风雨，还是为他洗手做羹汤，也随时有支持他的能力和资本。

不劳而获不会珍惜，失之交臂也会痛苦。无论是感情还是事业，自己努力过而且拥有了，心里才踏实。

如果一个男人很穷，但让人感觉有爱，有希望，充满能量，你可能会嫁给他。因为你知道，上进的男人，不会穷一辈子。

就怕你嫁的男人甘于平庸，却过得心安理得，除了嫌弃你是克夫命拖累他，就再也找不到自己没出息的合理借口了。

这个世界上最舒适的婚姻，不是男人拿钱把女人养一辈子，也不是女人当女强人变成灭绝师太，而是两个人因为爱情走到一起，顺其自然地结婚，共同经历过生活的狂风暴雨，还有闲钱享受生活的和风暖阳。

钱不是婚姻的全部，但是钱是幸福婚姻的一个组成条件。

05

前些天去刚交了首付的楼盘看样板房，同行的还有一对小情侣。

男孩想听女孩的想法，但她看起来似乎不高兴："这房子哪都好，就是没有一个晾衣服的地方，湿嗒嗒的衣服不知道挂哪里。"

男孩笑了："傻瓜，我们买一个带烘干的洗衣机就是了，老公有钱。"

全程我看得很感动，小声对自己说："为了那个还没出现的她，你也要努力啊。"

婚姻幸不幸福，不是看婚前他给你画的大饼有多诱人，要看结婚数年后，你们的物质生活条件有没有提高。二十多岁的时候朴素点你可以忍，但三四十岁还是穿不完的地摊货，你可能会想哭。

无论单身或已婚，女人都要宠爱自己，不必持有下嫁的心态。只要肯努力，同样也可以赚很多钱，可以一个人活得很精彩。

想要买喜欢的衣服拿起卡直接刷，不用等换季促销打折；想要去的地方说走就走，不必顾虑机票太贵；想要结束的感情当机立断，不用觉得离开他我该怎么活。

把自己养得金贵，才会遇到视你为珍宝的人。

真正喜欢你的人，不怕麻烦也不忙

01

凌晨两点，有读者向我咨询情感问题，我看到的时候，未读消息已经有 50 多条了。

她说，男友从来不会主动联系她，每天都说忙，却没有告诉她究竟在忙些什么。

微信聊天，她发一大段文字，只得到寥寥几字的回应；视频通话，没几分钟就挂了；打电话吧，常常都是无人接听的状态。

这让她很没有安全感，明明已经有过亲密接触，却分享不了彼此的喜怒哀乐，感受不到一丝恋爱的甜蜜。

她尝试与男友沟通，对方的回复是"别瞎想，我只是这阵子有点忙"，一阵又一阵，却永远忙不完。

她很想提分手，但内心舍不得。她也反思过自己，也许男友失去了兴趣，只是因为自己的颜值不够高，性格不够好，身材不够辣。

她问我怎么看？

我凭直觉回答她："他可能只是没有那么喜欢你。"

02

身体出了问题，要相信科学；感情出了问题，要相信直觉。

你觉得一个人不对劲，那他就是不对劲。你觉得一个人不喜欢你，那他就是不喜欢你。

有句话说，世界上有三样东西是藏不住的，贫穷、咳嗽和爱。

真正喜欢你的人，会自发地想念你，撩拨你，穿过人潮去见你。就算24小时都在忙，也会在吃饭或者上厕所的时候，打开屏幕发一条消息——"宝贝，我今天很忙，但也好想你。"

真正喜欢你的人，会清楚地知道你的不安，绝不会让你的一颗心悬在半空中，哪怕发生地震、海啸，也会第一时间想办法报平安，让你放心。

真正喜欢你的人，不怕麻烦，也不忙。

校园外的竹篱飞来蜻蜓，地铁上的扶手摇晃得抓不稳，一个人躺在空房间里还亮着灯，总有那么多女孩不停在问：为什么他没有给我打电话？为什么他不来找我？为什么他突然失去了联系？

女孩们向人咨询情感问题，最喜欢的回答基本都是："也许他害羞""也许他自卑""也许他不知道怎么联络你""相信我，他肯定是喜欢你的"……

她们宁愿收起智商，自我欺骗，也不要接受现实。

其实，他不给你打电话、不找你，突然失去了联系，只是因为，他没有那么喜欢你。

03

什么是喜欢，是旺盛分泌的多巴胺，期限30个月。

多巴胺是一种神经递质，负责大脑的情欲、情感，爱情的感觉，就是多巴胺大量分泌的结果。

当一对男女产生爱慕之情，多巴胺便会源源不断地分泌，30个月后逐渐恢复正常，激情的感觉便会消退。

当然，也有很多夫妻度过了两年半的多巴胺分泌期，依然恩爱如初，只是在他们中间，有的人没能熬过七年之痒。

美国电影《他其实没那么喜欢你》中，亚妮内和本在年少相识，顺利走入婚姻的殿堂。在外人看来，他们是一对模范夫妻。

然而结婚多年，烦琐的家务和高强度的工作，把原本年轻漂亮的亚妮内，变成了一个无趣、刻薄、憔悴又处处充满猜疑的女人。

本已经不喜欢亚妮内了，出轨后振振有词："没有一个男人真的想结婚，如果他结了，成天想的也是即将失之交臂的女人。"

无论你多么贤惠居家，在那个对你已经没有爱的丈夫眼里，也不过是个给他煮饭洗衣带孩子的保姆。

为了挽救婚姻，亚妮内穿着性感的情趣内衣来到本的办公室，希望能得到丈夫的回应。他的草草了事、随便应付，让她彻底心灰意冷。

亚妮内把本所有的东西都收拾好，整整齐齐地放在台阶上，留下一张纸条，上面写着"我要离婚"。

在一段不幸的婚姻中，似乎也只有离开，是最好的选择。

04

猫喜欢吃鱼，可猫不会游泳；鱼喜欢吃蚯蚓，可鱼又不能上岸。

上帝给了你很多诱惑，却不让你轻易得到。你不能流血就喊痛，怕黑就开灯，想念就联系。

一个人如果喜欢你，就会在乎你，就会与你风雨同舟，并肩前行，共用一条命。

那些总对你说他很忙的人，对你拉长距离表现得很高冷的人，其实并没那么喜欢你。

喜欢你的人，你明天去看他，还没出发，他就开始幸福了。你很多时候都是一厢情愿，爱上了自己给自己作的解释，才会那么执迷不悟，一错到底。

在这个世界上，很多付出都是有回报的，唯独感情，需要你做好心理准备，敢给就敢心碎。

如果你在一段感情里遇到问题，冷静下来好好想想，你的心一定会告诉你，他是否爱你，你是否要继续现在的状态。

如果你顾及尊严，也许会失去爱情。如果你不顾尊严，会先失去尊严，然后失去爱情。

爱情有时候就是这么残酷，也许结局就是你一个人走下去。

05

我们经常会谈论到各种各样的爱，一生都在跌跌撞撞中找寻爱，但是我们需要时刻记住的一点是，真正的爱的基础，是人的自爱。

去经营自己，健身、赚钱，让手上的牌越来越好；去充实自己，读书、旅行，明白事理也要看懂人心；去挑战自己，复盘、尝试，做从前不敢做甚至不敢想的事。

至于爱情，若他杳无音信，就用爱他的心去爱世间万物。若他缓缓归矣，就用爱世间万物的心去爱他。

最后，借用朱茵在节目《王牌对王牌》中的一段话作为结尾：

狠狠地爱一次，跌到满身都是血，骨头都碎了。你必须先爱自己，才能给别人爱。

如果你前面的人让你看不见爱情的话，那就走吧，后面还有更多的人等着你。

不爱你的人，就不要奉陪了

01

一天夜里，有个读者给我发了一条很长的微信。

她和男朋友已经分手一个多月了，可还是放不下。这不是他们第一次分手，但她也没想过会是最后一次。

上一次分手以后，她哭了好几个小时，然后坐了一天的火车去找男朋友，成功挽回。而这次她怕夜长梦多，买了第二天的机票去男朋友的城市，男朋友却不愿出来见她一面。

她因为用情太深，伤得太重，以致严重影响了自己的生活。她努力地迎合男朋友，男朋友却始终不冷不热，爱答不理。她用尽了全身力气，都打在了棉花上。

她已经把与男朋友有关的东西全部销毁，希望能就此陌路，不再有任何瓜葛，不给彼此任何希望，彻底让自己死心，但还是免不了反弹。

她每天度日如年地煎熬着，希望我可以给她一些建议。

张小娴说，想要忘记一段感情，方法永远只有一个：时间和新欢。要是时间和新欢也不能让你忘记一段感情，原因只有一个，时间不够长，新欢不够好。

于是有人信了她的话，分手后为了报复对方，迫不及待地找下家，以显示自己的魅力，等着对方肠子都悔青掉。

可我却觉得这样很不靠谱，因为我所理解的彻底放下，是某一天对方突然又出现在你的生活中，甚至主动找你重归于好，你还能够岿然不动，一语拒绝。而不是他才朝你招手，你就开始摇起尾巴。

爱分两种，有的人爱的是被宠爱的感觉，但凡换一个同样温柔体贴的，她就不可抗拒地投怀送抱。有的人爱的是那个人给的感觉，好的坏的都照单全收，换了一个人，哪怕给得再多，也分毫不取。

寻找新欢好比喝酒，寻的是醉，逃的是醒。奈何酒后总会醒，醒了再买醉，折腾的是自己的肉体和灵魂。无数次醉醉醒醒之后，你会发现自己已陷入万劫不复。

在自己彻底走出之前，如果匆忙让一个人住进来，短暂欢乐之后，夜深人静之时，痛苦会用更可怕的力量让你撕心裂肺。

匆匆抓来的新欢，只能带给你暂时的麻木，痛却还是根植于心。想要彻底放下，只有直面痛苦，在开刀疗伤后，才能给新人腾出位置。

03

也有人说，放下很简单，你拿着一个杯子，我往里面倒开水，开水满了溢出来烫到你，你自然就会松手。

可人就是犯贱的动物，别说是倒开水，有些人哪怕是往杯子里倒浓硫酸，还是会痛并死攥着不放。

我们必须承认，当我们处于一个感情事件当中的时候，很难用十分的理智站在高处来分析处理。失恋的感觉好比溺水，那些痛明明是情感上的，却越俎代庖，变成切切实实的身体上的痛。

失去一个与你曾经朝夕相伴亲密无间的人，倒也没有什么可伤心的，你真正伤心的，是从未想过你们已经如此相知时，他竟然这样对你。

来自你最亲近的人的掌掴，同样的力度，伤害可能要比陌生人打一巴掌多一万点。因为来自陌生人的恶意，你可以解释为他有病，而来自身边人的伤害，大多数人首先想到的是自己到底做错了什么，会有深深的挫败感。

我看到很多女人失恋后暴食、购物，男人失恋后去喝酒买醉，他们试图通过这样的方式来短暂麻醉自己。

他们依然会在购物后坐在星巴克外面咬着嘴里的吸管，茫然地注视着过往的人群。心想，为什么别人看起来总有那么多开心的事情？或是在深夜回家的路上感叹，原来别人真的不及她万分之一。这是更大的落寞与悲哀。

04

放不下一段感情无非是不甘心，还心存侥幸。不是那个人很难忘记，是你对这段的感情付出让你觉得忘不掉。就像一场大火留下的疤，无论你怎么用药膏，只会淡，不会消。

你可以利用时间尽可能地改变自己，把那些缺点改掉，时间久了，你不会觉得后悔，反倒会觉得值得。你还可以把时间利用起来，去做些之前想做但一直没机会做的事。

不爱你的人，就不要奉陪了。找回自己，把心放到自己身上，自然就能放下了。世界那么大，我们那么忙，没有时间为了一个无关紧要的人停留。

你也不必太过伤心，你受的伤绝对是你的财富，直到有一天你真的放下的时候，你会发现自己处理问题时会看得更透彻，气质也会得到很好的沉淀，你会更理性地处理下一段恋情，享受你该得的幸福。

彻底放下一段感情，需要遇见更好的自己，毕竟每一次失恋，都是对成长的祭奠。

第五部分

世界很美
别把它让给你鄙视的人

别把这个世界，让给你鄙视的人

01

2018 年 6 月 23 日，我彻夜未眠，抱着手机等待第二届学生发高考成绩给我。

和以往公布成绩的方式不同，省教育厅明文规定，只准学生自己查分数，不向任何单位发放汇总以后的册子。

04∶45 第一个学生开始发来消息，12∶27 最后一个学生说完感谢，这期间我的心情就像坐过山车一样，既为考得高分的学生高兴，也为发挥失常的学生惋惜。

如果说这三年的相逢是首歌，这一夜等待过后，终于画上了休止符。

浏览一遍成绩过后，我还发现一个现象，很多家境不错，父母关注度高的孩子，虽然平时让人头疼，但是最后都考得不错。

反而是那些一直很努力，但父母少陪伴少沟通，打印个证明都得自己挤公交车、遭人白眼，最后成绩还不理想的孩子，最让人心碎。

虽万千人吾往矣，最后还得一个人疗愈伤痛。

02

刷微博的时候，看到一个博主回顾当年高考的经历。

成绩公布的时候，她正和闺蜜坐在毕业旅行回家的卧铺火车上，因为网络差，她们等了好久，才战战兢兢地给班主任打电话。

那通电话的拨号音无比漫长，接通之后的对话，却只花了15秒。

那么多埋头赶路的清晨，死记硬背的深夜，望着心里某颗星星要求自己再努力一点的时刻……在终于知道自己走了三年的路到底通往哪里的时候，反而十分平静。

火车上的广播在祝贺乘客中的毕业生们取得好成绩，然后放起了当年的流行歌曲《夏天的风》。

她和闺蜜坐在过道窗边的小板凳上，无言地看树木房屋来来往往。空气闷热，阳光刺眼，火车轧过碎石块。

她的未来，就在那样一个时刻到来，又是一个新的起点。

若干年过去了，那天也不过是普通的一天。

相比为考得不好的学生感到遗憾，其实我最怕的，是有些孩子人生最辉煌的时候，就停留在高考成绩公布的那个夜晚。

一直以来，我给学生的都是"父爱算法"，尽量让他们自己去解决自己的事，不断碰壁长经验。

父爱如山，他站得高，像山一样。他看到了远方，知道什么东西好，然后转头对儿子说，把你手中的破玩意儿丢了，爹告诉你什么是好东西。

我希望能给学生格局和方向，他们随时都可以坚韧大胆、果断自信。毕竟成为社会人，离开父母后，没有谁有耐心教你做人，在你把事情搞砸之后再来收拾烂摊子。

高考的考场就只有四个科目，上本科线并不是难事，而人生似生死场太极端，有人连底线都掉了。

年幼的时候，你的愿望是做一个好人。那时候以为做好人很简单，人和人之间只要坦诚相待，就可以肝胆相照。

反复被踩躏倾轧之后才发现，作为一个旁观者，人可以轻易地站在道德的制高点去指责别人，但当真牵涉利益相关的事，却不确定自己是否会根据良知去选择。

当有一天世界上所有的人都把黑的说成白的，你是否有勇气去纠正？

看过一条新闻，有个叫刘文展的高中生，因为举报学校补课被劝退。

事情闹大之后接受采访，记者问他有没有想过自己的行为幼稚。

他说："难道视而不见才不算幼稚吗？"

小孩才看对错，大人都看利弊。随着年龄的增长，很多人慢慢变成精致的利己主义者，遇事不谈利弊，似乎就成了幼稚。

但是有些事情，是可以直接判断对错的。你内心的准则应该像一堵通电的围墙，不可触碰，触之即疼，无论是富贵还是贫弱。

还有北京高考状元熊轩昂关于"寒门难再出贵子"的分析，也是年轻人难得的可贵品质。基于此，他可以做到胜不骄，败不馁，冷静和谦逊，对未来挫折的抵抗力也会增大很多。

他可以一边满怀信心地攀爬在各种高山上，也不会对脚下的尘埃有所不屑，因为他明白自己的幸运，便会珍惜幸运给自己带来的便利，也会体谅别人的不幸。

他是精英，是希望，是不可多得的年轻人，他富有同理心，体谅别人且愿意正视自己，同时兼顾努力和聪慧。

就像鲁迅说的，不必听自暴自弃者流的话，能做事的做事，能发声的发声。有一分热，发一分光，就如萤火一般，也可以在黑暗里发一点光，不必等候炬火。

大学的时候听一个男生说，高考前一晚，妈妈给他煮一碗方便面加了一个鸡蛋，告诉他是营养品，要他吃了考试加油。

原来我们不屑的东西，对于很多人来说，拼了命都得不到。

对于富裕家庭，高考只是一次考试，孩子没考好，大不了送他们出国。对于寒门子弟，高考是他们走出去的希望，是报答父母养育之恩的机会。

但是放大到人生的七八十年，高考不过是 18 岁经历的一个中转，你总得拿出勇气来面对。

成长最难的部分，不是为梦想奋斗的过程，成长最苦的部分，也不是因梦想破碎的难堪。它们都比不上把碎成一地的自尊一片片捡起，一片片熔炼的沧桑。

跌倒以后，不能一蹶不振，你需要迈过一个重新信任美好的坎，而真正能够维系的美好，是你亲手创造的。一点一点学会修补，才是能让你一直幸福下去的唯一技能。

你来人间走一趟，不是为了揪着过往不放。年轻就是资本，别把这个世界，让给你鄙视的人。

受尽千重罪，炼就不死心，失去的，错过的，都可以亲手拿回来。

这个世界最大的谎言，是"你不行"

01

日本电影《垫底辣妹》，是一部因为译名难听而让我错过的电影，在朋友的反复推荐之后点开，为了捕捉更多的细节，看了好几遍。

日本的青春片一向以细节取胜，不恋爱不打架不堕胎，演员年轻，也不需要靠柔光来渲染。观众总能在如水缓慢地流淌中经过一个又一个故事节点，体验一个又一个情感旋涡。

《垫底辣妹》的主线情节，聚焦于一个全年级垫底的美少女沙耶加。她浓妆艳抹，无心学习，出入夜店场所，吸烟犯事，游离于班级的边缘。

可后来她不甘心了，哪怕火苗再小，也要反复点燃。她没有失去斗志，勇敢地从座位上站起来，对班主任说："我会考上的，庆应*。"

---

*庆应：即庆应义塾大学，又称庆应大学，有"亚洲第一私立学府"之称。

能拥有一个自己愿意为之奋斗的目标，其实是一件很幸福的事。因为只有你自己，能决定你的样子。

我们仿佛在看一本私密的高中日记，里面记录的是孤独与奋斗的日子，情节是你，主角也是你。回忆勾起你的热泪，热泪安抚你不再年轻的脸庞。

02

学生时代，一个人一旦沦为学渣，最轻松的选择是放弃。就算偶尔打一次鸡血，最多玩两把人机模式就泄气了，因为想要成为最强王者，铂金钻石局打起来并不容易。

持续又无聊的坚持，全力以赴地为了达成目标而拼杀，需要像做拼图游戏一样分解、组合、重来，烦碎又无聊，很多人忍受不了。他们甘心当拉低班级平均分的分母，就像沙耶加甘心被叫作渣滓。

不同的是，沙耶加并没有放弃，而是改头换面去努力。不要放弃自己，这是唯一正确的事情。只有自己不放弃，别人才能帮到你。

于是，我们看到沙耶加挑灯苦读，骑车的时候也不忘背"I my me mine，you your you yours"，为了专注学习剪掉长发，换上没有线条、便于行动的运动服……

就算她快要崩溃了，内心的独白也十分清醒："我讨厌大人，只凭外表就说我不行的大人。我觉得我很愚蠢，我一无是处，这一点我自己也很清楚。没有目标的话，也没有谁会对我抱有期待了。"

人生路上，本来就少不了困难挫折。不再逃避，勇敢面对，才是最好的方法。我为了能成为比原来更好的人，就算再苦再累也要坚持下去。

03

在通往成功的路上，父母有时候会是孩子最好的榜样。影片中有组画面，温馨感人：沙耶加熬夜苦读，妈妈加班打工，上初中的妹妹站在水池旁边洗碗。

自始至终，作为母亲的明妈都是沙耶加的守护者。小时候，沙耶加在学校被其他孩子欺负，明妈给她转学；后来，沙耶加想上女子中学，明妈支持她去，还容忍她五年不好好学习。

在学校，沙耶加抽烟被发现，明妈赞赏她不背叛朋友的做法，与校方作对；在家里，沙耶加的父亲不支持她补习，明妈自己去打工赚钱给她交学费。

学习到了瓶颈期，沙耶加跑出补习班淋雨，刚好看到在上夜班搬运货物的明妈。明妈看着狼狈的孩子，什么也没说，只是抱着她安慰她。

对于孩子的教育，明妈不是一味地强加梦想，用亲情绑架他们。她只是给予孩子足够的信心，守护微小的可能，并抱以理解和期待。

她用行动表达对孩子的爱，坚实的步伐中透露着柔情，在热血的缝隙中温暖人心。

04

沙耶加之所以能逆袭，当然更离不开坪田老师的帮助。

坪田是"技能满点"的老师，和难缠的学生交流，会提前做好功课找好切入点，针对不同的学生设定不同的目标，激发他们的潜能。

坪田老师的教育方法剑走偏锋却温暖有效，在一开始进入补习班的摸底考试中沙耶加得了零分，他没有生气没有愤怒，而是表扬沙耶加全部的题目都回答了，只是没答对。

从零分到五分再到满分，从小学四年级级别的题到考取庆应大学，沙耶加的每一点进步，都离不开坪田老师的循循善诱。

他耐心细致，给微小的可能以信心，守护每一个学生。他从来没有瞎说沙耶加一定考得上庆应大学，只是看得到沙耶加的潜质和努力，相信她是优秀的。

他说："把目标降低一次，就会越来越低的。"

他说："你之所以会有压力，是因为你有合格的自信。"

他从不嘲讽、愚弄，甚至放弃差生，而是以鼓励的方式先使有所防备、不听教化的学生变得自信，然后才进行知识上的传授。

一个人在青少年时代能够遇上一个好老师确实是一件幸事，重要的不是他教给你多少知识，而是他赋予你一些信心，引领你开拓一种眼界，让你相信自己可以去决定自己的样子，去憧憬人生的更多可能性。

05

庆应大学门口有一句话：天不造人上人，亦不造人下人。

我们刻苦读了好多年的书，参加了无数次考试，接触了各种性格的人，经历了寒冬与暗夜，我们真正获得的是思考，清楚自己要成为怎样的成年人。

是与人为善施以温暖，还是刻薄毒舌讥讽嘲笑；是愿意相信微小的可能，还是打压自己不相信的人事物；是认准目标坚持不懈、努力奋斗，还是懒惰拖延、半路放弃；是静待一朵花的成长开放，还是在一开始就当作杂草连根拔起。

我们总会因为这样的瞬间动情：斯嘉丽站在荒芜的塔拉庄园土地上咬着牙说，我一定要活下去；风烛残年的老渔夫死死拖住大鱼不放手，就像他已经被扼住命运的咽喉不服输；沙耶加看到弟弟给小混混买烟怒吼："我跟你们是不一样的！"

这是一个双重励志的故事，个人的改变，会形成巨大的影响力，让参与这件事情的每一个人，都获得他们想要的光荣。

但更深层的意思是，无论曾经的我们多么不堪，都应该去努力一次，而这段时光，会成为一个基石，让我们对自己的生活和未来保持十足的信心。

06

青春不一定非得狗血，爱得死去活来无病呻吟，青春也可以是为了家人为了朋友为了自己，拼尽全力努力一次。

而且更感人的一点，影片真正传递出的价值观是，努力奋斗获得成功固然欣喜，但是如果最后没有成功，拼搏的日子也是宝贵的财富。

看完这样一部电影，它或许能打捞起你曾经挥汗如雨、日夜兼程的时光，甚至是对你现在迷茫无措、毫无光亮的混沌日子一记响亮的耳光。

故事的最后，沙耶加靠着车窗，读着坪田老师的信。列车在独白中穿过整座城市，曾经的经历，像老师挥舞的双手，与其说是见证，不如说是一种庇佑。

你曾说，我改变了你的人生。我觉得正是你奋斗的样子，改变了许多人的人生。我相信，从今以后，人生路上你还是会这样，即使再遭遇不顺，你还是会去不断尝试挑战。真心感恩，能和你相识，因为和你的相识，让我的世界变得更宽广了。有志者，事竟成。我也继续怀抱这份信念，继续生活下去。

这个世界最大的谎言是"你不行"，愿每一个对自己寄予厚望的你，都能面对惶恐的内心，握紧命运的绳索，驱散阴霾迎来光明。

也许你曾伤痕累累，但不要轻易放弃

01

我读高三的时候，偶尔会在月考之后，和同伴去网吧上网。他们喜欢玩 CS，我喜欢写空间日志，或者聊 QQ。

有一次，一个叫"黑色柳丁"的女孩加我，验证信息是"一个将死之人"。

她告诉我，她是逃课出来上网的，不想回到学校，因为那里对她来说是人间炼狱。

她遭到了校园欺凌，带头的是副校长的女儿，一个老师眼中品学兼优的学生，演讲比赛拿冠军，考试成绩名列前茅，大型集会作为学生代表发言。

黑色柳丁的父母都是农村人，不识字，没背景，她不想让他们担心。向班主任反映，老师永远都是那几句："为什么别人老欺负你？为什么不欺负别人就欺负你？是不是该想一想自己的问题呢？"

起初的时候，对方只是喜欢恶作剧，在她值日的时候在地上洒水扔瓜子壳，一地的水粘着瓜子壳，很难扫干净。

后来演变到在她的床上撒玻璃碎片，回到宿舍，副校长的女儿喊一声"关门打狗"，众人对她恶语相向。

02

黑色柳丁在寝室被群殴过一次，因为她周末洗衣服的时候，泡沫星子溅到另一个女生身上，她道歉了，但对方得理不饶人。

她把这件事告诉政教主任，其他人统一口径，在政教处办公室上演一出诚恳道歉的戏码后，就以握手言和的方式结案了。

副校长的女儿周日返校，得知自己的姐妹被叫去政教处训话，便决定要好好教训她一下。

得知消息后，她不敢回宿舍，就靠在操场的阶梯上。冬天很冷，她颤抖着哭了很久，一点一点看着天边露出鱼肚白，直到早上教室开门。

她一整天都忐忑不安，到了晚上还是难逃一劫。

查寝的老师十二点离开，一群人在凌晨一点把她从床上拖下来，排队扇耳光。施暴的人欢呼着，起哄着，她已经感觉不到一丝疼痛，像一枝杨柳，任她们折磨。

我已经忘了当初是怎么安慰黑色柳丁的，依稀记得那个时候距高考只有100多天，应该是说"等上了大学就解脱了"之类的话。

再后来，每次我上线，她的头像都是灰色的。大二的一个偶然机会，我破译了她的一个相册密码，里面是她多年来自残后的伤口展示。

手臂上一排排用刀割出的伤口，还有用燃烧的烟头烫出的疤，滴血的手指，皮肉绽开的手腕，猛地点进去会有生理不适感。

而在她对外公布的另一面，是时隔多年以后，她遇到一个很爱她的男朋友，他们一起参加社团，做兼职，外出旅游，面对生活的难。

03

这段尘封已久的往事，因为看完电影版《悲伤逆流成河》，突然被想起。

易遥站在河堤上，对着围观的同学控诉：

你们永远都不会承认自己做过的事有多恶毒，将来你们只会说我怎么不记得。

我怎么不记得我把红墨水丢在她身上，我就是闹着玩的呀，我没有喂她吃过垃圾，没有泼过她冷水，没有扒过她衣服。

你们之后的日子舒舒坦坦，没有一点心理负担，你们回首自己人生，觉得自己挺好的了，觉得自己没有做过什么伤天害理的事。

但是我忘不了被你们欺负，粉笔灰塞嘴里是什么滋味，打火机烧头发是什么滋味。你们骂过我最恶心的词，编过最下流的绰号，你们动手的没动手的都一样，你们比石头还冷漠。

杀死顾森湘的凶手，我不知道是谁，但杀死我的凶手，你们知道是谁。

这一段让我很触动。施暴者往往淡淡的一句"年轻时不懂事""都是过去的事情了"，就可以心安理得地为自己开脱。而被施虐者，却要背负着他们的过错，痛苦一生。

很多遭受校园欺凌的人，性格内向，成绩不好，他们的父母都是普通人，老师也不会在意他们。这些孩子因为怕被报复甚至都不敢伸张，只能自己独自熬过那些不该属于青春的绝望。

04

《悲伤逆流成河》原著小说，并没有多深刻的立意，只是为了悲伤而悲伤。

电影版则聚焦了社会关注的校园欺凌，改动了许多情节，整个基调也没有小说那么负面。

值得一提的是唐小米这个角色，在以前的校园里受尽同学的欺辱，转校后却成了施暴者。这世界的残酷就在于，总是把原本的受害者，变成他们曾经憎恨的施暴者。

而她在地下通道被围殴，乞求目击者不要说出去，似乎她才是那个最害怕又最无助的人。

没有任何人敢于站出来保护她，她也找不到自救的方式。最后她自食苦果，一个人面对着这场青春的残酷。

电影里还有一句台词：不要拒绝悲伤，只管去愤怒去难过好了，忍不住眼泪，那就尽情地哭吧。

其实，青春的悲伤，不一定非得四十五度角仰望天空，眼泪逆流成河，更多的是与现实碰撞后，你还愿意与生活死磕到底。

没有人能够承诺说，你只要朝前奔跑，就一定能找到幸福。恰恰相反，正视青春的残酷，往往是一个人开始走向成熟的标志。

最后与顾森西的重逢，也算是给易遥苦涩的人生"发糖"了。一切都会好起来的，他不是"希望"的"希"，却是"太阳从西边出来"的"西"。

也许你的青春曾伤痕累累，但不要轻易放弃。

05

陈凯歌在《少年凯歌》里有一言：当我们相信自己对这个世界已经相当重要的时候，其实这个世界才刚刚准备原谅我们的幼稚。

这个世界不停地歌颂奋斗、努力、进取，人不可以低落，不可以忧郁，不需要疗伤。

因为有的人不曾剥掉一层皮般地努力，所以不曾感受被命运扼住喉头的痛苦。因为所有人都在痛苦过去了以后，歌颂云淡风轻的豁达，所以没有人去阐释痛苦。

然而，并不是所有人在青春期都能安全平稳着陆，在很多内心角落里得不到安抚的情绪，就是那么残暴那么歇斯底里。

　　你同样也会有想要离群索居的时刻，常常面无表情很不开心，感觉人生卡在那里，不知道要怎么走下去。明明肩上只有空气，却沉重到几乎无法呼吸。

　　可是不管世界有多糟糕，还是要选择希望，切不可把那伤疤变成獠牙。如果心怀善意仍被伤害，那不是你的错。选择善良，不是好人会有好报，也不是这样选就是对的，仅仅是你愿意而已。

　　针不是扎在自己的身上，我并没有资格说什么"忘了痛苦"之类的话，唯愿那些伤疤可以长成铠甲，唯愿受过伤的人还对未来充满期待。

　　所幸还有时间，青春就是那几年，熬过去了就还有希望。

言语带来的伤害，比棍棒打的还深

综艺节目《王牌对王牌》有一期是新旧两版《流星花园》演员同台。有一个环节是嘉宾敞开心扉，谈及成长过程中遭遇的一些辛酸往事。

《致我们单纯的小美好》中，沈月因饰演鑫萌活泼的元气少女陈小希而走红，到了新版《流星花园》，她饰演杉菜。但有大S的经典版本在前，她遭到了不少质疑和争议。

有一些质疑和争议演变成网络暴力，对沈月的打击非常大，还波及家人。跟妈妈视频聊天，自己还没哭，妈妈就先哭了。

同样的遭遇，在老版《流星花园》中饰演西门的朱孝天也经历过。当年接拍《楚留香》的他也很痛苦，所有人都觉得，你又比不上郑少秋，干吗要去拍？

原本他也打算推掉这个角色，但父亲病危需要一大笔钱做手术，他就含着泪接了，在拍戏的过程中，父亲也没了。剧播出的时候，很多人攻击他，因为他发胖了，说他是"哮天猪"。

面对网络暴力，朱孝天说："我给自己一个总结，棍棒可以伤害我，但言语不能。"

沈腾劝网友们善良，因为网络骂人攻击对一个人的伤害很大："有的时候，言语的伤害，会比棍棒打的还要深。"

02

之前看过一则公益广告，沈阳心理研究所联合艺术家将"丢人""废物""怎么不去死"这些语句做成模具，可拼凑成枪、刀和斧头，通过创意的方式，将无形的伤害化成更易感知的武器。

研究所找到六个看守所的少年罪犯，让他们讲述自己的故事，发现这些青少年走向犯罪的道路，与童年时期遭受的语言暴力之间有很大联系。

语言暴力，虽然不会在你的身上留下伤痕，却能在你的心里投下永不散去的阴影，甚至毁掉一个人的一生。

在一些以父母为权威，人权意识模糊的家庭里，施暴者不自觉，受害者不自救，累积的恶果就是让越来越多的孩子误入歧途。

我之前有一个学生来自单亲家庭，她和母亲相依为命。因为遭受背叛后的应激性心理障碍，她的母亲变得很要强，也很敏感。

工作上，虽然她的业务能力强，但和同事处不来，大家都不喜欢她。生活中，看到街坊邻居围在一起说长道短，总觉得是在议论她，不给别人好脸色看。

她把余生的希望都寄托在女儿身上，一不高兴就会发火，学习成绩，行为举止，她总能找到发难的理由。甚至女儿小时候怕黑，拍照因为阳光太晃眯了眼，她都会凶女儿，甚至打骂。

"要是杀人不偿命，我早就杀了你。""要是我不这么拼，你生病了也没钱治，只能等死。"

我的这个学生，从记事以来，就没有过一天开心的日子。进入高中以后，难过的时候会用小刀在手臂上割下伤痕。她经常逃课，和一些小混混泡网吧、喝酒、蹦迪。

我和这个学生谈过几次心，试图让她去看见母亲的好，试图说服她，母亲一个人把你带大不容易，不但供你上学，还买了学校附近的房子，为了不让旁人说闲话，一百斤的大米也一个人扛上楼。

但是言语暴力带来的伤害，让她看不清所爱之人的模样，忘了妈妈冬天肩上的雪，夏天背上的汗，半夜背着食物中毒的她去医院。

03

日剧《世界奇妙物语》中讲过一个标签人的故事。

男主是一位银行业精英，自带优越感，他有一个习惯，总是以高高在上的姿态给别人贴标签。

直到一天，他获得一种超能力，能看到身边所有人对他的评价。可怕的是，别人的评价是有形的标签，实打实地被贴在他身上。

当然，别人无法看到标签，他也撕不掉。

标签有两种颜色，红色的是负面评价，蓝色的是正面评价。只要他迎合别人的想法，负面评价就会变成正面评价。

于是，别人的看法开始左右他的行为意志。

为了听到下属们说好话，他凡事亲力亲为；为了不被保洁阿姨讨厌，他包揽清洁厕所；为了不让同事说他冷血，他批准一家即将倒闭的企业融资。

后来，他的一个下属做假账事发，他被解雇了。当初他包庇的这个下属，给他的评价是"容易上当的单细胞生物"。

因为太在意别人的看法，他一直没有找到新工作，人们给他的新标签是"一事无成、可怜的男人"。

原来，人们贴起标签来如此随意，而去除标签，则让男主失去了生存的能力。

言语伤害的另一面，便是三人成虎，众口铄金。你越是在意别人的看法，越是小心翼翼，就越容易活成自己讨厌的那种人。

随大流的看法也容易形成刻板印象：被男性骚扰的，"一看就不是什么正经女孩子"；长得漂亮还拥有豪车名包的女生，"一看就是被包养了"。

言语带来的伤害，有时候比棍棒打的还深。皮肉之伤，愈合结疤后可以忘记当初的痛，但言语之伤，想起来一句就是一个耳光。

04

毕淑敏写过一篇文章叫《家问》，大意是说，在纷乱和丑恶的气氛中成长的孩子，是伪劣家庭的痛苦产品。言语暴力带给孩子的伤害，会像顽强的稗草，代代相传，贻害无穷。

孩子年幼的时候，缺乏分辨是非的能力，会以为家庭关系就是待人接物的模型。小孩过早经历破碎流离和粗暴残酷，当他们踏入社会，就会不由自主地以不良家庭模式对待他人。

更令人惊惧的是，来自不完美家庭的孩子们，彼此之间具有病态的吸引力，仿佛冥冥中有一块恶作剧的磁石，牵引性格有缺陷的男女，格外同病相怜，迫不及待地走到一起，然后祸害下一代。

至于键盘侠们无情的谩骂，则会让那些被原生家庭保护得很好的人，失去人与人之间最基本的信任。

言语带来的伤害，有时候比棍棒打的还深。用刀在身上划出一道口子，虽然会流血，但只要你去涂药，过一段时间伤口就好了。

言语暴力造成的伤害，不流血，却会影响你的一生。这个伤口不会愈合，只会和你融为一体，让你都觉得自己是"死胖子""胆小鬼""窝囊废"。

即便多年以后有人对你说"你很好啊，我很喜欢你"，你也不敢相信，因为你以为那是他们哄你开心的谎话。

良言一句三冬暖，恶语伤人六月寒，劝大家都善良一点吧。

你的善良，得有点锋芒

01

奔驰车漏油事件，曾在网络上引起轩然大波。

西安一女子即将迎来30岁生日，家人资助让她买辆好车，她到一家4S店花66万买了一辆奔驰，没承想车还没开出店门发动机就漏油了。

买定离手，出门脱祸，多次交涉无果，4S店一推再推，拖了15天才给出解决方案，说根据国家三包政策，可以免费更换发动机。

但女子不能接受，她觉得如果自己把车开出门200公里，或是跑过一两次长途导致车出了问题，她没有怨言，关键是车都没有开出门。她不信这个天下没有说理的地方，60多万买辆车一公里没开就要被迫接受三包。

无奈之下，女子只能回到4S店，坐在汽车的引擎盖上哭诉维权，让围观群众评理，并希望事件曝光后能引起重视。

女子说："我是受过文化教育的人，我是研究生毕业，这件事让我觉得，几十年受到的教育得到了奇耻大辱，我就是因为太讲道理。"

02

女子虽然激动，中间有一段哭了起来，但她不同于那种胡搅蛮缠的泼妇，全程说话有条有理，逻辑清晰。

她读了很多年的书，在这件事之前，相信凡事只要讲道理，都是可以解决的。

这件事却狠狠给了她一耳光，颠覆了她的认知，让她明白这个社会上，绝大多数人最喜欢欺负讲道理的人。

诚如王小波所言，知识分子的长处只是会以理服人，假如不讲道理，他就没有长处。

处于弱势地位还讲道理的高知女性，活生生被4S店逼得只能靠喊冤叫屈来维权，真的值得我们深思。

奔驰4S店对外宣称，当天就向厂家汇报说跟客户已达成共识妥善解决，后来还给一部分媒体公开发了回复邮件。

但有媒体回访女子，她却说没有任何人和她联系过，事情仍然没有得到解决。

这样看来，"达成共识、已经退款"是4S店私自对外发的假消息，他们欺上瞒下，受害者依然没有得到官方正面的回复。

好在后来西安市市场监管局成立联合调查组入驻 4S 店调查取证，涉事车辆被封存待检，女车主与调查组会面，提出了八项诉求。

经过几番周折，事情终于得到解决。4S 店因为隐瞒和欺诈行为，被罚款 100 万元，女车主也得到了相应的赔偿。

那个相信以理服人的女子，内心守护的价值观没有崩塌，正义虽然迟到了，还好没有缺席。

为众人抱薪者，不可使其冻毙于风雪；为自由开路者，不可使其困顿于荆棘。

03

如果生活在一个尔虞我诈、巧取豪夺的世界里，不但以理服人的常常被欺负得欲哭无泪，心地善良也会成为别人攻击的弱点。

几年前的一个暑假，我和几个同事去江西游玩。三清山脚下，一位越野车车主四处求助，声称自己是自驾游的游客，车胎爆了，下车打千斤顶的时候手机和钱包也被顺走了，希望有人借钱给他买轮胎加油回家。

一个大男人急哭了，他说自己不会赖账，如果信不过他，可以记下车牌号和联系方式，等回到家就还钱。来来往往的路人都觉得他是骗子，没人答理。

我的一个 40 多岁的女同事，借给他 800 元。我们试图劝阻，她却真的相信对方会还钱。路边一辆开着双闪，打起千斤顶的越野车，让她打消了疑虑。

她说："你们都觉得他是个骗子，万一这是真的呢？如果一个异乡的陌生人借给他钱，帮助他回到家乡，他会不会感到这个社会的一丝温暖？"

才一眨眼的工夫，那个人不见了，车也开走了，估计车牌也是套用别人的，就算报警查也找不到他。

我的这位同事在学校是出了名的好人，热天给学生买西瓜、冰棒，过节给学生买蛋糕、苹果、巧克力，周末还会组织家境贫寒的学生去家里吃饭。

她常常说，我希望每个人都可以感受到这个社会的温柔，因为我一直都被周围的人温柔以待，当我陷入困境，身边的人总是不计得失帮助我，我希望自己是一根火柴，能点燃更多的灯。

有人问："你现在后悔吗？"

她说："有什么好后悔的，就像你们花几千块在景德镇买那些只能作为摆设的瓷器，图的还不是一个心里高兴。如果我不帮他，会一直耿耿于怀。"

后来大家商议，这笔钱所有人平摊，就当是集体上当受骗。

她断然拒绝，说道："没想到我对一个陌生人的善意会生发这么多善意，所以我还是愿意相信世界是美好温暖的。不过我现在还真是后悔了。"

众人诧异地看着她。

她继续说："我后悔一开始没把话挑明，我应该对他说，小弟，我愿意帮助你，钱不用你还了。如果是真的，有机会请给需要的人 800 元的帮助。如果是假的，我愿意成为你的猎物，不要再欺骗别人的善良了。"

04

我的朋友顾寒山说过一段话，让刚踏入社会时的我印象深刻：

人们有多高尚，就有多卑劣。我记得许多初涉社会的少年，纯真未凿，却在成人的世界里，逐渐被打磨成一副胁肩谄笑的嘴脸，最终一头扎进世界的大流，成为他们的同谋。

以前我一直想不通，为什么坏人放下屠刀便能立地成佛，而好人要成佛却需要经历九九八十一难。

后来我想明白了，因为好人变坏多了一道程序，需要拿起屠刀。真刀明枪的坏人不可怕，可怕是披着善良外衣、扛着道德大旗作恶的好人。

曾经的你，也被教育要做一个正直善良的人，大家要讲道理、有礼貌，坦诚相待，肝胆相照。

后来发现，做好人会反复受到倾轧，也捞不到好处。但你还是会守住初心，因为你没得选。

看清了世间的丑恶，还能保持真我，更加难能可贵，唯一的区别是，你要让你多年学到的知识成为保护你的武器，你的善良得有点锋芒。

因为，善良从来都不是随地乱射的好心，也不是舍身喂狼的愚蠢，更不是对谁都好到没底线。善良像钻石，不被奸人利用，才能绽放光芒。

只有懂得凡事先保护自己，你的光和热才能照亮温暖别人。为值得的人赴汤蹈火，对闲杂人等别在乎太多，你的善良才显矜贵。

今年的同学聚会，不用叫我了

01

我带的第一届学生组织同学聚会，原本我是打算要去的，但看了一下参加的只有十来个人，觉得有点难过，就决定不去了。

近 60 人的班级，能参加聚会的一年比一年少，见过大家围成一圈坐在足球场不用说话也十分美好的场景，我忍受不了最后能看到的他们只有当初人数的六分之一。

一个女性朋友也参加了同学聚会，可是她并不开心。有的打麻将，有的斗地主，有的喝酒，就她一个人烤火，显得很不合群。

她说她咳嗽流鼻涕打喷嚏很不舒服，而且实在太无聊了，只能玩玩手机，问我一个人在家无聊吗。

我说无聊我可以打游戏，你要多喝水。

算算高中毕业已经十余年，似乎已经没有人把同学聚会放在心上了，毕竟大家毕业时抱头痛哭，这辈子天涯海角都是兄弟的誓言，早已忘得一干二净。

年少不知愁滋味，以前我们觉得世界很小，各奔东西后才知，一别也许就是一辈子。后来纵然能聚，大家说着交际的话，喝着应酬的酒，带着应付的笑，却再也走不进彼此的心。

同学聚会筛掉了飞得高的，走得远的，混得惨的，性格刚的。最后剩下的只有同一坐标系里的同学，每年相互确认，原来你过得还是这个样子。

02

有人说，同学聚会都有一个规律，以前老实本分、循规蹈矩的同学基本混得不怎样，窝在某个城市的某个单位拿着一个月几千的固定工资；以前经常惹点小麻烦，让班主任头疼过的，反而混得还不错。

其实这句话我不是很赞同，因为那些曾经让班主任头疼而毫无作为的人，可能只是没来参加同学聚会而已。人生哪有那么滑稽，随便混混也能出人头地。

当你还是一个在校学生的时候，学校和老师帮你定位身份，指明方向，你顺着走不一定会走得舒服，但是一定不会走歪。

毕业之后没有外挂和辅助，一些人就迷茫了，不知道该往哪里走，甚至先迈哪条腿都犹豫不决。

大家对彼此的了解，大多时候只是表面上的，彼此之间都不知道背地里谁努力，谁偷懒，谁知行合一，谁三天打鱼两天晒网。

在学生时代体现身份价值的只有纸面上的成绩。

进入社会后，能够实战，体现自己价值的地方更多了。像是在游戏《绝地求生》里，容错率极低，太刚反而被干死，"苟"一点才能"吃鸡"。

对于同学聚会，有些人不屑参加，有些人羞于参加。能去的，几乎每一个人都有一个特定的社会身份，会让你觉得他和学生时期差异比较大。

03

一个班或者一个专业的同学，就像一批人凝结成了一滴墨水，毕业后滴到社会的海里。波涛涌动循环往复，三五年后，墨水极度稀释，分散在不同位置。

也许每个人的追求不同，但从缩短差距上来说，一毕业就去"养老"型的公司的人，会被周围不甘平凡的同学逐渐拉开。

人这一辈子，吃多少苦，享多少福，存在一个动态平衡。去"养老"公司和去上升期的公司，人的工作状态完全不一样，获得"技能包"的量当然也天壤之别。

更重要的是，后者很可能已步入中层，在技术和管理上都有长远发展的机会。而前者依然坐在他刚进公司的那张办公桌上，做着重复劳动的事情。

前两年，两种人的收入也许差距不大，但是随着时间的推移，有一方却有可能出现爆发式增长。

毕业三四年后的差距，就是一直以来，一方通过不断的努力进取，而另一方却安于现状而产生的。

如果可以自省，任何时候都可以从头开始。但如果只想装睡，别人真的无法叫得醒。

04

在我读大学期间，每年过年都很期待同学聚会。

因为大家都还正当年少，我依旧可以凭自己语不惊人死不休的本事，逗得女同学笑得花枝乱颤。

因为大家还没进入婚姻，也依旧可以和一群男同学去网吧来一局游戏，就算打输了也可以骂得很爽。

大学毕业以后，大家走上了工作岗位，同学聚会的味道反而变了。原本非常单纯的事情，却成了一种形式和应酬，甚至已经沦为一场展览会或汇报演出。

有人开始递名片了，他是卖家具的，让我们结婚的时候去买他的家具；也有人想动用这层关系，求父母有权力的同学帮忙办事情；更有直接在同学聚会之后拉人入伙做生意，甚至有借钱的。

上学时的我们，没有层次、高低、等级之分，处在同一条起跑线上。现在我们的差距正在逐渐拉开，彼此心知肚明。

混得好的，高谈阔论，一大群人追捧围绕着；混得不好的，沉默不语，一大群人敷衍冷淡着。

就像《夏洛特烦恼》里的那段台词："夏洛，这几年你死哪去了？年年同学聚会你都不来，你真有什么难处给我们大家说，大家就算帮不上你，还不能乐和乐和？"

哭笑不得，却是现实。

05

我是一个执念很深的人，也曾有过很多学生时代的朋友，因为自己的感情过于丰沛，总想对身边人付出真心，拼命想粘住生命中出现的每一个人。

后来我听人说，友谊这个东西已经被世人捧得太高，它跟永恒其实没有太大关系，换了空间时间，总会有人离去。

不要太念念不忘，也不要期待有什么回响。你要从同路者中寻找同伴，而非硬拽着旧人一起上路。

大概涂改是岁月的专长，谁都无法幸免。当昔日的同学陆续结婚生子以后，大家真的渐行渐远了。

没有共同的圈子，没有共同的经历。三观早被各自的生活磨砺得千差万别，一起说话，不知道哪句会触到逆鳞。就算有了悲欢喜怒，第一个想到分享或倾诉的对象已经不是他们。

可是偶尔，当我走过多年前大家一起嬉闹过的街道，听到多年前大家一起唱过的歌，或是翻到一张毕业时的合照，还是会怀着满心的祝福，希望大家永远平安喜乐。

今年的同学聚会，不用叫我了。谢谢你们，曾在我的生命里留下印迹。

真正的好朋友，不在朋友圈

01

刷微博的时候，看到一则短片，虽然六分钟不到，却让我泪花闪烁。

开超市的大辉，想起自己和昔日好友的十年之约，分享了一个链接：你有多久没有和朋友们聚一聚了？

在 KTV 陪客户的高翔，写了好长一段话，最终删了，用成年人的方式去回应这个话题：藏起真实的感受，用点赞表达所有。

在天桥抽烟放空的张勇，正对着只增不降的房价发怒，1421个联系人，置顶的那几个也不方便向他们吐露心事。通信录越拥挤，心里越空虚。

深夜加班的瑶瑶，想说点什么又欲言又止，一别十年，每个人都有自己的故事，她不再是故事的参与者。

大辉实在绷不住了，在只有几个人的群里了发了一条语音："你们最近在搞些啥子？老子，想你们了。"

才发出去，觉得太矫情又撤回。

没有一点防备，这个视频让我看哭了，想起从我生命中走失的那些曾经无话不谈的人。

高中毕业 10 年，大学毕业 6 年，原来我离开他们的日子，都已经比和他们相处过的日子还要长了。

02

更确切一点说，在还没有朋友圈的年代，我们晾晒心情、分享见闻的地方，是 QQ 空间。

初中在野球场上奔跑的少年，高中一起逃课上网的兄弟，大学通宵卧谈会的室友，有的人还偶尔联系，有的人却永远躺在通信录列表里。

随着时间的流逝，曾经无话不说的朋友渐行渐远，已经不在一个圈子，没有了交集。尽管你偶尔会想起共同度过的时光，但那种掏心窝子的话已经说不出口了，就算聊天也只是随口的客套问话。

通过 QQ 空间，你还在关注他们的消息，尽管只是以浏览数据的形式出现，谁又结婚了，谁又晒孩子了，谁又变漂亮了。

友情兜兜转转，陪在身边的人换了一批又一批，爱情讨价还价，大家都拥抱着各自的幸福。

你是否还记得，你总会为一件芝麻绿豆的小事发说说？会在每年的 12 月 31 日写一篇日志来回顾这一年的喜怒哀乐？每一次游玩结束都要在空间上传照片？

你是否还记得，你每天都会查看留言板，有多少人"跑堂回踩"，有多少人浇花灌水；你总是习惯观察访客都有谁，期待着某个谁；大家曾乐此不疲的一个小游戏叫"奴隶买卖"。

走了这么远的长路，突然回过头看到曾经的自己，打开早已停更的、熟悉的空间，尘封的记忆如潮水般把你淹没。

十几年匆匆而过，经得住似水流年，逃不过此间少年。曾经的懵懂早已被时光剥落，伴随着容颜不再而来的，是我们的无奈与伤痛。

03

最初使用微信的时候，朋友圈是我比较珍视的一个社交平台。发的每一条朋友圈，图片精挑细选，文字左斟右酌。

慢慢地，微信因为和电话号码关联，亲戚同事不停加，从本科到小学的同学从 QQ 迁移，再然后就是学生家长，或者某次饭局上走酒不走心的人。

朋友圈越来越庞大，越来越复杂，越来越拥挤，喷涌着越来越多的喜怒哀乐。

"孩子出生 37 天纪念，小天使，爸妈爱你。"

"深夜美食，报复社会。"

"老公今天送了我个包，美美哒。"

"明天去香港，有要买东西的亲吗，×××面膜八折噢。"

没来由的喜怒哀乐，老掉牙的心灵鸡汤，费流量的小视频，数不胜数的"分组可见"情感垃圾。

由于不堪其扰，屏蔽整天转发养生文和谣传帖的；然后屏蔽同事，屏蔽唠叨碎嘴的亲戚；再屏蔽鸡汤党、标题党、长得真心不好看又每天发美图照片的。

结果刷朋友圈还是费时无聊，又果断屏蔽刷屏的。炫娃晒食物的也要屏蔽。娃再好看，也不能连拉屎都照；既然食物好吃，就别哭胖。

朋友圈变成了丛林，变成了舞台，变成了一本充斥着无聊与琐碎的三流杂志。

04

微博刚出来那会儿，大V还很少，人人平等，营销号也收敛，官方会打击水军，很多内容常常给人意外的惊喜。

后来，大V越来越多，平等越来越少，营销越来越多，干货越来越少，花钱才能获得流量，私信总被各种企业号无下限骚扰。

你想看的信息，得从繁杂的页面里寻找，重复的内容，永远都是那些号相互转发，堪比无良电视广告插播连续剧。一次两次三次，慢慢就没有打开的欲望了。

朋友圈，似乎也快成了曾经的微博，当你因为习惯刷朋友圈，指尖滑过一条条信息的时候，发现你根本没有一个朋友。

真正的好朋友，不在朋友圈。为你点赞的人仅仅是出于礼貌，"三天可见"是隔在你我之间的一堵墙。

成熟的朋友圈比起幼稚的 QQ 空间，不过是另一个舞台，大家戴着面具群魔乱舞，你方唱罢我登场。

真正内心强大的人，从来都不需要在别人的眼光中、别人的支持点赞中来过好自己的生活。有质量、可以愉悦身心的社交，才是生活的必需品。

真实的自己是什么样的呢，或许正如好友十三夜在朋友圈分享的一段话：

后来也就不爱说话了，只是越发喜欢把事情放在心里慢慢发酵，想着总会熬过去的，所有偏执的鲁莽都成了独家武器，再热烈的人情与世事都难以感动了。

05

你的朋友圈里，还有朋友吗？

前一秒这对夫妇正吵得热闹，后一秒有对恋人许诺恩爱万年长；上一刻有人还在为减肥烦恼，下一幕便跳转到柏林拉萨东南亚的喧闹；这边秀爹秀妈秀娃的正春风得意，那边失业失恋失身的却泪如雨滴。

在一场以平庸为主旋律的狂欢里，你只有媚俗才能融入其中。乐在其中的人，并不会觉得这样有什么不妥，在他们看来，一切都是时髦，跟不上节奏就会被潮流抛弃。

但我们还是必须保持清醒，朋友是大浪淘沙，最后只有价值观、生活观、爱好相似的人才可以坚守到最后。不同道、不同志的相处，或许只是表面的虚华。

你永远不知道何时曲终人散，但友谊长在。总会有人在你不知所措的时候，温柔地说"我一直都在，请不要放弃"，总会有人在你绝望自弃的时候，轻轻牵着你的手说"所有物是人非的景色里，我最喜欢你"。

青春年少的梦，天真却又苍白，现在进行时的圈子，也会沉寂在别处。连电影都要散场，更何况是生活。

人类的悲欢并不相通，身处人群的你我都难逃孤独，如果世界太吵，就听听自己内心的声音吧。

挣扎总有一次绽放，花开总有一次向阳

01

我曾教过一个学生，月考成绩常常处于班级的后 10 名，少年白头，却是个有韧性的孩子。

高一被分到三层次班级，一整年都比较颓废，后来考入重点班，他觉得那是上天对他的奖赏，便拼尽全力去学。然而重点班高手如云，他的成绩最后也只能徘徊在班级下游，一度打击着他的自信。

高二的一整年和高三的第一个学期，我们在一间六边形的教室里学习，夕阳斜照，空气清新。而他的头发一年比一年多白一把，每个人都忙，没有人会留意。

高三下学期，学校搬到新校区，我让同学们总结个人得失，大多数人谈的都是自己学习上的进步，他记下的，却是温暖的片段。

他说：

我很感激我的老师、同学。我总能想起酷热夏天和你们一起吃西瓜看电影，想起雪糕的冰爽、苹果的芳香，想起我们一起给吴老过生日打蛋糕，想起全班数学平均分 124 超越一班、二班的奇迹，想起寒冬里彼此靠呼吸取暖。一切一切，都好温馨，想再来一次。

"鹏北海，凤朝阳，又携书剑路茫茫，今年六月青云志，必笑人间学子忙。"

这是他写在数学改错本扉页上的话，每一次考试，我要求学生把做错的题抄写到笔记本上，重新做一遍。经常考六七十分的他，笔记本比别人厚很多。

最后，他的高考成绩比二本线低 2 分，数学 88 分，也是差 2 分及格。似乎上天总是喜欢和本分努力的人开玩笑。

他给我打电话，仍然充满感激，我鼓励他不要放弃，不管是读专科还是补习，以及接下来人生路的每一步，都不能轻易放弃。

因为他心里明白，人世无常，挣扎总有一次绽放，花开总有一次向阳。

02

大学毕业季，因为准备考研，我和经管系一哥们组队看过一段时间的书。

大学前几年，他也是破罐破摔，从大一到大三，天天泡网吧，任何活动都不参加，必修课选逃，选修课必逃，成绩在专业倒数，四级考了三年没过。

他唯一只对一个女孩上心，追了两年多才在一起。这是他的初恋，但在大三下学期分手了，他各种挽回都没用。

他突然很茫然，决定去考研，并且要考名校。

他买好资料书就开始泡图书馆，早上六点多出门，晚上九点半回宿舍，中午趴桌子上眯一会儿，周末也不间断，单调的生活一直重复。

到了暑假，他也没回家，租了一间300多的月租房，屋里的陈设只有一张床和一张桌子，卫生间是共用的，要走半个多小时才能买到炒饭。

早上醒来看见的是桌子上的一大摞书，壁墙上贴的是英语翻译；晚上出去走一个小时，看到万家灯火很落寞，却没有想过要放弃。

考研真的很累，尤其是看书时觉得应付自如，习题册却全是红叉的时候。

但他毅力惊人，一旦坐下去，可以做到不抬头、不喝水。周围频繁响起椅子和地板摩擦的声音，那是晚饭时间到了，但他规定的任务还没有完成，还是埋头解题。

2011年的冬天特别冷，租房的地方常常因为负荷过重而断电，他只能用冷水洗漱，冻得扎骨。当初一起组队的小伙伴，很多都放弃了，包括我也开始找工作。

但是他从决定考研开始，就下决心先把这件事情拼尽力气去做好。

有一次，他去上政治培训课，因为感冒加之太累，趴在桌子上睡着了。醒来之后，发现大教室空空荡荡，早就下课了，却没人拍他一下。走出教室，天已经断黑，飘着雪带着冷风，和他的心情一样。

后来，我因为想要完成出书的梦想，放弃了考研。他告诉我他考上221院校研究生的时候，我还没有找到工作。

我陷入一场骗局，凑了一万多块钱，书没能出版，钱打了水漂。

03

后来，历尽波折成为一名小作者，会因为文章的阅读量差而沮丧，不想写，觉得写什么都不会有人看。

因为我很清楚一个事实，我们坚持做任何一件事，都是希望得到回馈的。高考背水一战，有自己想去的大学，考研拼死一搏，无非是为了将来有份保障。

要做成一件事，功利心和兴趣缺一不可，没有功利心就没有方向，容易效率低下，没有兴趣就没法坚持，分分钟想要放弃。

但有时我们不想坚持了，其实只是一时懈怠而已，最好的方法，就是催自己再用一把劲，硬撑一下就过去了。

硬撑意味着你也很排斥，你心不甘情不愿，也很难投入最佳的状态，但它可以为你完成下一个"鲤鱼打挺"的动作蓄力。

早上起不来怎么办，闹钟响的时候猛地翻身坐立，你就胜利了；不想去健身房怎么办，起身穿鞋出门，你总不能还折回去；不想背单词怎么办，写下英文逼自己说出中文，千万别掏出手机。

村上春树在一篇谈跑步的文章里说："今天不想跑，所以才去跑。"

起初看到这句话，觉得他好可怕，不想做的事，何必强求自己。

后来经历过一些人生起伏，才发现这句话直达灵魂。因为但凡值得我们坚持的事，必然会险阻重重，连自己都能战胜的人，还有什么可畏惧的。

面对自己要走的路，有的人挑捷径，避艰难，绕来绕去，到最后要么前功尽弃，要么又回到原点重新出发。有的人一条路走到黑，愿意用耐心去翻越横亘在眼前的万千山水，终于"山登绝顶我为峰"。

困难终究是绕不过去的，今日偷得浮生半日闲，明天还有重重艰险等着你。人总会有懈怠、厌烦的时候，能否与自己的惰性战斗到底，是人和人拉开差距的关键所在。

年少的时候，我们都想过要做屠龙的勇士，化身锄强扶弱的侠客。长大才明白，我们很难成为谁，不过只是每日奔波疲惫，却又每日徒劳无获而已。

那些不顾一切的勇气，早已被平庸琐碎的生活消磨得所剩无几，经历过中年谷底，就再难扳回来了。

倒也不能说怎样面对生活才是最正确的选择，年少时你想当刺客，中年了你想当法师，再老一点你想当坦克和辅助，皮糙肉厚耐住一切，才有希望。

你当然可以安慰自己平凡可贵，何必搞得那么累。

可是，如果你想要变成的，不是长辈控制你的样子，不是社会规定你的样子，请你一定要勇敢地为自己站出来，不要把这个世界让给你讨厌的人，然后又和他们同流合污。

为了不让未来的妻子因为贪便宜而买山寨货，为了未来的孩子上得起条件好的幼儿园，为了父母生病时用起得两万一针的进口药，你得像一个斗士一样活着。

当你无限迷茫，面对未知举棋不定的时候，最好不要那么快就缴械投降。如果选择了逃避，只能是自缚双手任凭命运蹂躏和摆布。

不要怕努力了还是没有实现梦想，你在路上看到的风景，不努力的人连看的机会都没有。

去奋斗，去努力，去成为更好的自己吧。